Wissensmanagement

Uwe Wilkesmann / Ingolf Rascher

unter Mitarbeit von Petra von Berlepsch

Wissensmanagement

Theorie und Praxis der motivationalen
und strukturellen Voraussetzungen

2., erweitere Auflage

Rainer Hampp Verlag   München und Mering 2005

Bibliografische Information der Deutschen Bibliothek

Die Deutsche Bibliothek verzeichnet diese Publikation in der Deutschen Nationalbibliografie; detaillierte bibliografische Daten sind im Internet über http://dnb.ddb.de abrufbar.

ISBN: 3-87988-898-1
1. Auflage 2004
2., erweiterte Auflage 2005

© 2005   Rainer Hampp Verlag München und Mering
           Meringerzeller Str. 10 D – 86415 Mering

           www.Hampp-Verlag.de

Inhaltsverzeichnis

Abbildungsverzeichnis

6

Tabellenverzeichnis

Seite

Vorwort

Dieses Buch stellt einen Teil der Ergebnisse des HBS Projekts „*Wissensmanagement*" dar, in dem von August 2000 bis Januar 2003 zum Thema *Einführung und Begleitung von Informations- und Wissensdatenbanken über Onlineportale in Intranets* geforscht wurde. Anlass für das Projekt ist die große Zunahme dieser Anwendungen in Intranets sowie die damit verbundenen Formen der Wissensgenerierung und Informationsverarbeitung. Die sich wandelnden Beschaffungs-, Produktions- und Verkaufsbedingungen vor allem für große Unternehmen[1] in zunehmend internationalisierten und dynamisierten Märkten hat dem Thema Wissensmanagement zur Popularität verholfen. Unterstützt wird dieser Trend durch die Entwicklungen bei den Informationstechnologien.

Somit sind sowohl Führungskräfte, als auch Betriebsräte und Mitarbeiter mit neuen Anforderungen konfrontiert. Im Mittelpunkt des Interesses von Betriebsräten stehen dabei die Probleme der Gestaltung der Arbeitsbedingungen und Maßnahmen zum Schutz der Interessen der Beschäftigten. Die Sicht der Führungskräfte liegt in dem Versuch begründet, das Wissen im Unternehmen zu managen, Projekte und Teams effizient einzusetzen und Innovationen voranzutreiben. Das Interesse der Mitarbeiter liegt darin, ihre Arbeits- und Organisationsprozesse besser zu organisieren und über Wissens- und Informationsteilung schneller qualitativ hochwertige Ergebnisse zu produzieren. Aus wissenschaftlicher Perspektive soll der Frage nachgegangen werden, welche Anreize und Strukturen notwendig sind, damit Wissensdatenbanken von den Beschäftigten genutzt werden und somit funktionieren und nicht zu Datenfriedhöfen werden.

---

[1] Schwerpunkt des Projektes sind die Aktivitäten bei großen Unternehmen. Der Handlungsbedarf bei KMU hinsichtlich der Einführung von Wissensmanagement und der Entwicklung geeigneter Konzepte ist im Rahmen der volkswirtschaftlichen Wertschöpfungskraft besonders hoch, da vor allem viele Großunternehmen von den KMU als Zulieferbetrieben für Dienstleistungen und hochwertige Produkte abhängig sind. Im Rahmen der zweijährigen Forschung konnten jedoch bis auf wenige Ausnahmen keine qualifizierten Bemühungen in diesem Bereich festgestellt werden. Fest steht jedoch, dass der Anpassungsdruck auch bei KMU groß ist. Der Bedarf, sich mit Wissensmanagement in kleinen und mittleren Unternehmen zu beschäftigen ist vorhanden. Die Ausführungen in diesem Bericht konzentrieren sich jedoch nur auf große Unternehmen. Eine Übertragung der Ergebnisse auf KMU ist deshalb in vielen Fällen nicht oder nur eingeschränkt möglich.

Für das Projekt ergaben sich daraus die folgenden Leitfragen:

Welche Konzepte des Wissensmanagements sind bei den Akteuren und den Unternehmen bekannt? Wie wirken diese Konzepte auf die Gestaltung von Arbeitssystemen und ihre spezifischen Konfigurationen von Technik, Organisation und Arbeit? Welche betrieblichen und überbetrieblichen Akteure und welche Funktionsbereiche sind beteiligt? Welche Muster entstehen im Umgang mit Wissensmanagement und gibt es einheitliche Konzepte bei großen Unternehmen? Darüber hinaus wurden Handlungsempfehlungen für betriebliche Interessensvertretungen im Umgang mit der Einführung von Informations- und Wissensdatenbanken entwickelt[2].

Bedanken möchten wir uns bei der Hans-Böckler-Stiftung und bei der Abteilung Forschungsförderung „Mitbestimmung im Wandel" (früher Ina Drescher, jetzt Dr. Martina Klein) für die Unterstützung während der Projektlaufzeit. Zu danken haben wir auch den vielen Akteuren in den Unternehmen, die uns unterstützten. Ohne ihren Einsatz (manchmal auch ganz unbürokratischen) für unser Vorhaben, hätte wir das Projekt in dieser Form nicht durchführen können. Besonderer Dank gilt Peter Kloeber vom Ausschuss für Datenverarbeitung, dem Betriebsratsvorsitzenden Heribert Fieber sowie dem ShareNet Team in München und hier besonders für die erste Phase Herrn Dr. Wagner sowie für den zweiten Untersuchungsabschnitt Andreas Manuth sowie Herrn Dr. Müller für die Unterstützung bei der Onlinebefragung, alle Siemens AG, München. Bei der Deutschen Bahn AG haben uns Ralf Skrzipietz und Dagmar Hövelmanns vom Konzernbetriebsrat der Bahn unterstützt sowie Herr Heinrich Vogelsang vom Betriebsrat Minden und Jan Popendieck von der DB Systemtechnik in München, er leitet dort alle Aktivitäten zum Wissensmanagement. Bei PerotSystems möchten wir uns besonders bei Dr. Rainer Behrendt für seine Kooperationsbereitschaft bedanken. Bei unserem vierten Kooperationspartner, dem Westfälischen Zentrum für Psychiatie und Psychotherapie in Herten bedanken wir uns besonders bei dem Verwaltungschef Herrn Augustin und Willi Musberg vom Personalrat. Ebenso allen ungenannten Helfern in allen Kooperationsunternehmen, die uns immer wieder bereitwillig Auskunft und Unterstützung gewährt haben.

---

[2]   Diese sind in dem Buch Wilkesmann/Rascher (2003a) veröffentlicht.

Last but not least möchten wir Bastian Neysters danken, der für die Erstellung des Online-Fragebogens sowie der Graphiken verantwortlich war.

1 Einleitung

1.1 Vorüberlegungen

Transformationsprozesse in hochindustriellen Gesellschaften verändern auch die Rahmenbedingungen für Unternehmen. Unternehmen sehen sich einem wachsenden Konkurrenz- und Innovationsdruck in einer globalen Wirtschaft ausgesetzt, in der der Wert von Wirtschaftstätigkeiten vermehrt durch die Qualität von Dienstleistungen und spezifischen kundenzentrierten ganzheitlichen Problemlösungen bestimmt wird. Im Mittelpunkt stehen nicht mehr die Material- und Produktionskosten, sondern die „embedded intelligence". Die veränderten Bedingungen stellen auch neue Anforderungen an das Management. Immer mehr seiner Tätigkeiten beziehen sich auf die Veredelung von wertschöpfendem Wissen. Allgemein sind diese Tätigkeiten unter dem Namen Wissensmanagement bekannt geworden. Seit Anfang der neunziger Jahre[3] des letzten Jahrhunderts gehört Wissensmanagement zum festen Repertoire der Managementtheorie und -praxis. Auch verschiedene Wissenschaftsdisziplinen wie Betriebwirtschaftslehre, Sozialwissenschaft, Psychologie und Informatik, um nur einige zu nennen, haben starkes Interesse an der Thematik des Wissens und seinem Management. Vor allem in der Betriebswirtschaftslehre und dem Informationsmanagement der Wirtschaftsinformatik[4] hat man nie zuvor so intensiv über Wissen nachgedacht und analysiert, wie Wissen für Organisationen bereitgestellt werden kann. Die Stichworte „wissensbasiertes Unternehmen" und „Wissensgesellschaft" verweisen zudem auf die hohe Bedeutung der immensen Zunahme von Wissensbeständen und ihre globale Verbreitung (vgl. Stehr 1994).

Mit dem vorliegenden Buch soll die aktuelle Diskussion um das Thema Wissensmanagement und Datenbanken vertieft und durch empirische Fallbeispiele bereichert werden, deren Daten sowohl qualitativ, als auch quantitativ erhoben wurden. Dabei ist zu berücksichtigen, dass Wissen kein Stoff ist, der produziert werden kann, wie

---

[3] Die Wissenschaftler Itami und Roehl von der Harvard Business School beschäftigten sich bereits 1987 in ihrer Monographie „How to mobilize invisible assets" mit den betriebswirtschaftlichen Forschungen zum Wissensmanagement.

[4] Zur spezifischen Sichtweise der Wirtschaftsinformatik vgl. Krcmar (2002).

ein beliebiges Produkt. Wissen und Informationen sind wertlos, wenn sie nicht zur richtigen Zeit am richtigen Ort und in der richtigen Form bereitgestellt werden, um so einen Nutzen in Geschäftsprozessen einer Organisation zu erfüllen. Vor diesem Hintergrund stellen sich immer mehr Unternehmen auch die Frage: Wie können wir besser und schneller lernen?

Wissensmanagement – so die Erwartungen – kann die Konzepte der „lernenden Organisation" realisieren, die heute im Zuge von Globalisierung und Wissensexplosion aktueller denn je sind. Wissensmanagement gilt häufig als Voraussetzung für die Schaffung einer „lernenden Organisation".

Unternehmen begründen ihr Interesse am Thema Wissensmanagement durch die Annahme, dass Wissen als Rohstoff im Unternehmen eine hohe ökonomische Relevanz besitzt. Wissen wird schlechthin als die neue Form des Kapitals begriffen. Zwar haben sich Unternehmen immer schon mit dem Umgang von Wissen beschäftigt, da jede individuelle und kollektive Handlung im Arbeitsprozess größtenteils erfahrungs- und wissensgeleitet ist (vgl. Weber/Wehner 2001), aber unter der neuen Prämisse werden Unternehmen nun explizit als „wissensverarbeitende Systeme" betrachtet. Dass letztlich nicht Information mit Wissen gleichzusetzen ist, wurde jedoch noch nicht von allen Unternehmen erkannt. Der Wunsch vieler Unternehmen nach einer einfachen Handhabung von Wissen drückt sich vor allem in der Suche nach einfachen Instrumenten aus, welcher zwar auf der Angebotsseite sowohl theoretisch als auch praktisch mit einer Vielzahl entsprochen wird, wobei viele der technikbasierten Instrumente mehr versprechen als sie halten können.

1.2 Kooperationspartner

In diesem Buch werden vier, innerhalb des Projektes, analysierte Datenbanken vorgestellt: Siemens München Hofmannstraße, Deutsche Bahn AG, PerotSystems und das Zentrum für Psychiatrie und Psychotherapie Herten (WZfPP) des Landschaftsverbandes Westfalen Lippe. Dabei wird in einem Fall der Einführungsprozess einer Datenbank, der im Rahmen des Projektes begleitet wurde, detailliert dargelegt.

2 Erste theoretische Vorüberlegungen

2.1 Der Wissensbegriff

Obwohl in der Literatur mittlerweile vielfach behandelt, müssen die zentralen Begriffe des Wissensmanagements hier kurz definiert werden. In den Unternehmen wurde die Neugestaltung der Geschäftsprozesse durch eine intensive Nutzung der Informationstechnologie (business process reengineering), die in der ersten Hälfte der neunzehnhundertneunziger Jahre einsetzte, gerade erst abgeschlossen. In einem weiteren Schritt soll nun unter dem Oberbegriff Wissensmanagement das Managen der Ressource Wissen vorangetrieben werden.

Die Begriffe Daten, Information und Wissen sind Schlüsselbegriffe des Wissensmanagements. Deshalb ist eine klare Definition und Abgrenzung der Termini Vorraussetzung, um die Konzepte und Modelle unmissverständlich zu betrachten. Dies ist besonders wichtig, weil die Begriffe im alltäglichen Sprachgebrauch vielschichtige und facettenreiche Unterschiede aufweisen. Häufig bleiben die Begriffe in der Diskussion diffus und unreflektiert. Eine erste brauchbare Definition der Begriffe bietet hier die Informationswissenschaft, wie sie auch weitestgehend beim produktionstheoretisch-naturwissenschaftlichen Ansatz (der bei allen kooperierenden Unternehmen vorherrschend war) Verwendung findet.

Daten sind Rohstoffe, sind gegenständliche Komponenten von Informationen, mit dem Merkmal unmittelbarer maschineller Bearbeitung. *Wissen* verkörpert die zu einem Zeitpunkt bei einem Individuum vorhandenen Modelle über Objekte und Sachverhalte, die nach intersubjektiv akzeptierten Geltungsansprüchen überprüft werden können. Der Wissensbegriff bezieht sich demnach nicht auf das Individuum, sondern wird intersubjektiv erweitert. Auch der Begriff der *Information* ist nicht subjektbezogen. Information wird in externen Quellen gesucht, die Nachfrager von Informationen sind Individuen oder Gruppen; Informationen sind kontextabhängig, also von der Situation der Nachfrager abhängig. Diese Definitionen weisen jedoch noch Unklarheiten auf, denn Wissens- und Informationsnachfrage kann nicht in einer Person zusammengefasst werden und Maschinen können in der Regel nicht als Informationsnachfrager auftreten. Für das weitere eigene Vorgehen sei folgende Arbeitsdefinition angenommen (vgl. Weggemann 1999):

Daten sind symbolische Reproduktionen von Zahlen, Quantitäten, Variablen oder Fakten. Dabei werden Daten allgemein als „hart" angesehen, wenn die Vertrauenswürdigkeit des Messinstrumentes und die Gültigkeit der Messung über jeden Zweifel erhaben sind. Als Beispiel können die Zahlen in einer Bilanz genannt werden.

Informationen stellen die Daten in einen Sinnzusammenhang. Der Leser der Bilanz muss wissen, was die einzelnen Zahlen bedeuten. Information besteht also aus stochastischen oder heuristischen Regeln und Aussagen. Information kann unpersönlich gemacht werden, indem sie als Daten an andere Personen weitergegeben wird. So kann Information in einer Datensammlung kommuniziert werden.

Wissen ist die persönliche Fähigkeit, durch die ein Individuum eine bestimmte Aufgabe ausführen kann. Wissen kann nicht außerhalb des Individuums existieren, wohl aber in der Interaktion mit anderen Individuen generiert werden. Der Leser der Bilanz muss wissen, ob die Information „gut" oder „schlecht" ist, was der Umsatzrückgang um 2% für das Unternehmen bedeutet.

Der Status des Wissens ist dabei oft ungeklärt. Handelt es sich um eine Ressource, die knapp ist und damit Macht impliziert, oder ist es eine unendlich vermehrbare Ressource, die sich bei Teilung vergrößert? Einen weiteren Typ führt Willke[5] (1998) ein, er begreift Wissen als Beobachtungsdifferenz. Aus den Untersuchungen, die in diesem Buch referiert werden, geht hervor, dass Mitarbeiter in Unternehmen, besonders in wirtschaftlich schwierigen Zeiten, Wissen als strategische Macht-Ressource wahrnehmen. Warum soll jemand sein Wissen teilen, wenn er sich damit überflüssig macht und sogar entlassen werden kann? Anderseits ist es natürlich richtig, dass sich Wissen im Rahmen eines kollektiven Lernprozesses vermehren kann. Wissen hat immer zwei Seiten: Zum einen kann es in Form von Daten oder Informationen eine Ressource sein, zum anderen ist es immer an Interaktionsstrukturen gebunden. Neues Wissen wird häufig kollektiv generiert und ist somit an bestimmte Interaktionsformen gekoppelt.

---

[5] Bei Willke (1998) entsteht Wissen durch den Einbau von Wissen in Erfahrungskontexte, deren Genese und Geschichte vom System als bedeutsam für das Überleben angesehen wird.

Bei den kooperierenden Unternehmen wird Wissensmanagement eher im Sinne eines produktionstheoretisch-naturwissenschaftlichen Ansatzes gesehen[6]. Im Zentrum dieses Ansatzes steht die Sichtweise, dass Wissen – wie Werkstoffe und Betriebsmittel – vom Unternehmen zu stellen ist. Dabei wird zunächst (fälschlicherweise) Wissen mit Information gleichgesetzt. Wissen hat keine eigene Qualität, die es von Information unterscheidet (Picot et al. 2001). Aus dieser produktionstechnischen Sichtweise bestimmt sich Wissen über den Zweck, für den es verwendet wird. Dabei ist es gleich, ob dieses Wissen im Unternehmen selbst produziert oder ob es außerhalb des Unternehmens beschafft wurde. Das Anforderungsprofil, das sich hieraus für die Organisation ergibt, erfasst die Dispositionen: Beschaffung des für die Produktion benötigten Wissens, Ordnen und Speichern des Wissens, Organisation der Einsätze des Wissens sowie die Übertragung des Wissens auf die Mitarbeiter[7]. Wegbereiter dieser Form des Wissensmanagements sind die großen Unternehmensberatungsgesellschaften wie das „Information Research Center" (IRC) von A. T. Kearney oder das „Rapid Response Network" (RRN) von McKinsey.

Im Kontext des produktionstheoretisch-naturwissenschaftlichen Ansatzes den Begriff Wissensmanagement zu benutzen, ist jedoch ein Etikettenschwindel, da darunter nur die bessere Organisation von arbeitsteiliger Wissensproduktion und deren Verarbeitung zu verstehen ist. Es stellt sich die Frage, ob von Wissensmanagement schon gesprochen werden kann, wenn es nur darum geht, in ausdifferenzierten Arbeits-, Produktions- und Organisationszusammenhängen unterschiedliches Wissen und unterschiedliche Wissensträger aufeinander zu beziehen und damit in entsprechende sachliche, soziale, zeitliche und räumliche Relationen zu bringen. Dies entspricht eher dem klassischen Paradigma vom Wissensarbeiter. Innerhalb dieses Paradigmas von Wissensmanagement kann die Einrichtung von Intranets und Datenbanken als Emblem der Moderne bzw. Innovation verstanden werden. Wenn das Unternehmen solche technischen Möglichkeiten aufgebaut hat, kann es sich als innovativ bezeichnen. Die elektronische Verknüpfung verschiedener Wissensbereiche und Personen alleine

---

[6] Vgl. zu anderen Ansätzen Walger/Schencking 2001.

[7] Auf die Paradoxie, dass mit der Zunahme von Wissen auch der wahrgenommene Umfang des Nichtwissens steigt, sei schon jetzt hingewiesen. Somit wird auch der Umgang mit Nichtwissen zum zentralen Problem für Unternehmen. Vgl. hierzu auch: Luhmann (1998).

führt noch nicht zur Generierung neuen Wissens. Vielmehr ist zu fragen, ob man Wissen überhaupt managen kann.

2.2 Zwei oft zitierte Modelle

2.2.1 Das Modell von Nonaka und Takeuchi

Wissen kann nach Nonaka und Takeuchi (1997) unterschiedliche Formen annehmen. Sie greifen zu diesem Zweck auf die Differenzierung von Polanyi (1985) zwischen implizitem und explizitem Wissen zurück. Explizites Wissen ist Verstandeswissen, es lässt sich in formaler Sprache ausdrücken und als Daten in Theorien, Handbüchern etc. weitergeben. Implizites Wissen dagegen ist persönliches, kontextspezifisches, analoges Erfahrungswissen, das durch Kopieren oder Imitieren im Sozialisierungsprozess weitergegeben wird. Der Facharbeiter weiß z.b. wie eine Maschine sich anhört, deren Werkzeuge gewechselt werden müssen. Jeder Zustand einer Maschine erzeugt typische Geräuschmuster, Abweichungen davon erkennt ein geübter Facharbeiter sofort. Er kann aber das Geräuschmuster nicht beschreiben. Implizites Wissen kann zum einen eine technische Dimension als schwer beschreibbare Fertigkeiten (Know-how) und zum anderen eine kognitive Dimension als ein für selbstverständlich erachtetes mentales Modell annehmen. Der Kern des Modells von Nonaka und Takeuchi beschreibt vier Formen der Wissensumwandlung (vgl. auch Abb. 1):

Die *Sozialisation*, in der implizites Wissen weitergegeben wird, bedarf einer gemeinsamen Erfahrung, in der durch Beobachtung und Nachahmung das Wissen vermittelt wird.

Die *Externalisierung*, in der implizites in explizites Wissen umgewandelt wird, bedarf der Form von Metaphern, Analogien und Modellen. Nur so lässt sich in einem kollektiven Reflexionsprozess implizites Wissen ausdrücken.

Die *Kombination*, in der explizites Wissen weitergegeben wird, stellt die am häufigsten betrachtete Form der Wissensweitergabe dar. Hier werden Informationen über verschiedene Medien wie Intranet bzw. Wissensdatenbanken, Telefon, aber auch Besprechungen kommuniziert und im gemeinsamen Wissenszusammenhang verortet.

Die *Internalisierung*, in der explizites Wissen in implizites Wissen überführt wird, kann durch Dokumente und mündliche Berichte gefördert werden. Durch "learning by doing" werden gemeinsame mentale Modelle und Know-how internalisiert.

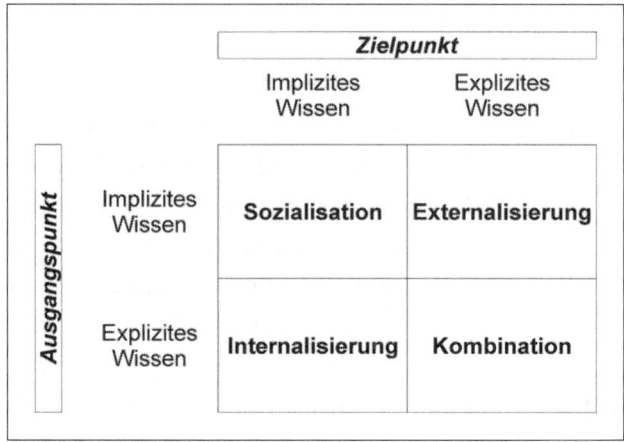

Abb. 1: Formen der Wissensumwandlung nach Nonaka und Takeuchi (1997)

2.2.2 Der Ansatz von Probst

Der bekannteste Ansatz zur Systematisierung der einzelnen Funktionen von Wissensmanagement stammt von Probst et al. (1998). Er besteht aus folgenden einzelnen Bausteinen (vgl. Abb. 2):

Wissensziele: Die Unternehmensziele müssen auch den Faktor Wissen umfassen. Es muss festgelegt werden, in welche Richtung das Unternehmen sein Know-how weiterentwickeln will, in welchen Feldern ein Wissensvorsprung vor den Wettbewerbern erhalten oder erreicht werden soll. Nur ist es im Allgemeinen schwierig zu prognostizieren, welches Wissen in zwei oder drei Jahren relevant sein wird.

Wissensbewertung: Die Investitionen in das Wissensmanagement müssen bewertet werden: Haben sie sich gelohnt? Gehen sie in die richtige Richtung? Dazu ist die Entwicklung entsprechender Indikatoren notwendig, die das immaterielle Gut Wissen „messen" können. Es können auch im besten Falle nur Teilaspekte des Wissens bzw. Wissenserwerbs gemessen werden. Die Balanced Scorecard (Kaplan/Norton 1997) ist wohl der bekannteste Versuch die „intangible assets" eines Unternehmens zu operationalisieren.

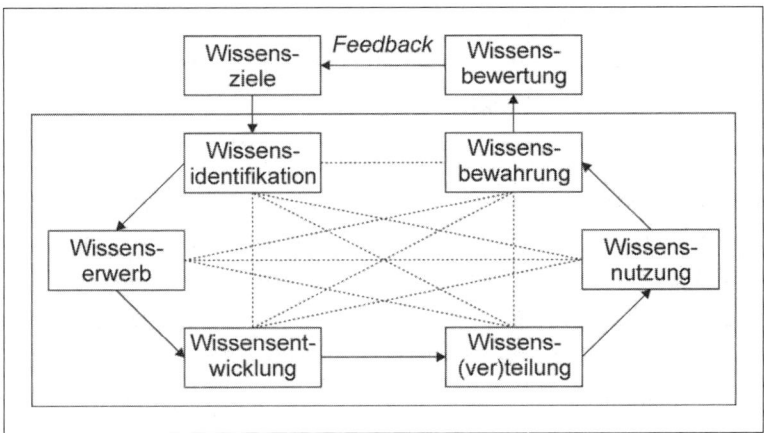

Abb. 2: Wissensmanagement nach Probst et al. (1998)

Wissensidentifikation: Jedes Unternehmen muss Transparenz darüber schaffen, welche Daten und Informationen bei internen und bei externen Akteuren vorhanden sind. Orte und Träger von Daten müssen identifiziert werden.

Wissenserwerb: Es muss geklärt werden, in welcher Form auf externe Daten-Quellen zugegriffen werden kann.

Wissensentwicklung: Einer der zentralen Aspekte des Wissensmanagements betrifft die Frage, wie neues Wissen in Organisationen generiert werden kann. Diese Fragestellung wird häufig auch separat unter dem Oberbegriff des „organisationalen Lernens" diskutiert.

Wissensverteilung: Die Daten aller Akteure im Unternehmen müssen so verteilt werden, dass alle anderen jederzeit darauf zugreifen können.

Wissensnutzung: Auch wenn Daten für alle zugänglich sind, heißt dies noch lange nicht, dass sie auch genutzt werden. Es müssen erst Arbeitsbedingungen geschaffen werden, die eine Nutzung sicherstellen und auf die Rezeptionsgewohnheiten der Akteure bezug nehmen.

Wissensbewahrung: Wissen kann z.B. durch den Austritt von Mitarbeitern verloren gehen. Entlassungen von Mitarbeitern können aus diesem Grunde langfristig negative Folgen für ein Unternehmen haben.

Als die beiden wichtigsten Funktionen des internen Wissensmanagements lassen sich aus dem Probst-Ansatz die folgenden zusammenfassen (Wilkesmann 2000a):

- Generierung von neuem Wissen,
- Speicherung und Nutzung von Daten[8].

Jedes Unternehmen muss, wenn es wettbewerbsfähig bleiben will, neues Wissen intern generieren. Allerdings reicht es nicht aus, wie in allen populären Ansätzen des Wissensmanagements unterstellt, das Wissen allein zu generieren und allen Akteuren zur Verfügung zu stellen. Neues Wissen muss sich erst einmal gegen den Status quo durchsetzen können, der in aller Regel sehr mächtig ist. Totschlagargumente sind dabei z.B.: „Wir machen das hier schon seit 30 Jahren so. Sie kommen gerade von der Uni und wollen uns alten Hasen sagen, wie der Laden zu führen ist. Lernen sie erst einmal die Praxis richtig kennen, dann können wir uns weiter unterhalten." Wenn neues Wissen erzeugt wurde, dann muss es noch gespeichert und für alle zugänglich gemacht werden und zwar in einer Weise, dass auch alle die vorhandenen Daten tatsächlich nutzen.

Beide Ansätze sind allerdings theoretisch nicht weit entwickelt. Sie sind eher als Systematisierung von praktischen Erfahrungen zu verstehen. In der Literatur existiert bisher kein Modell, welches eine theoretische Fundierung des Wissensmanagement darstellt. Aus diesem Grunde wird – vor den Darstellungen der Fallbeispiele – der Versuch einer theoretischen Modellierung unternommen.

---

[8] Die bei Probst, Raub und Romhardt (1998) getrennten Dimensionen der Speicherung und Nutzung werden hier zusammengefasst, da die Speicherung (und ihre Defektionsstrategie) immer im Hinblick auf die spätere Nutzung geschieht, d.h. ins Kalkül der Datenspeicherung wird die spätere Nutzung einbezogen.

3 Theorie: Die Organisation des Wissensmanagements

Bei den kooperierenden Unternehmen sind Intranets und Datenbanken auf- oder ausgebaut worden. In aller Regel ist dafür jedoch nur die technische Infrastruktur bereitgestellt worden, die organisationalen und personalen Voraussetzungen werden zumeist nicht geklärt. Wird ausschließlich die technische Infrastruktur bereitgestellt, entstehen häufig Intranet- und Datenbank-Ruinen. Wichtige Sachverhalte werden nicht oder nicht umfangreich genug berücksichtigt:

- Warum soll ein Mitarbeiter seine wichtigste Ressource (sein Wissen) abgeben? Was bekommt er dafür zurück?

- Welche Anreize sind notwendig, damit überhaupt Wissen in die Datenbank eingegeben wird und zwar auch für andere Nutzer relevantes Wissen?

- Welche extern vorgegebenen Anreize zerstören dabei schon vorhandene intrinsische Motivation? Wie müssen solche Anreize gestaltet sein, damit kein Verdrängungseffekt auftritt?

- Wie rezipieren die Nutzer die im Intranet bzw. in der Datenbank enthaltenen Informationen?

- Wie kann sichergestellt werden, dass andere Mitarbeiter etwas mit dem gespeicherten Wissen anfangen können?

In diesem Kapitel werden nun zuerst die theoretischen Grundlagen gelegt, die später anhand der Fallbeispiele empirisch illustriert werden.

Die zentrale These dabei ist, dass Wissensmanagement nur unter self-governance möglich ist. Unter self-governance wird eine Struktur verstanden, die eine Selbststeuerung ermöglicht. Es wird gezeigt, dass eine solche Struktur in einer kleinen Gruppe ohne große Machtdifferenz bestehen kann. Des Weiteren kann in der Strukturierung der Arbeitsaufgabe nach den Dimensionen Abwechslungsreichtum, Ganzheitlichkeit, Bedeutung der Aufgabe, Selbstständigkeit und Rückmeldeaspekt, die Attribution von intrinsischer Motivation ermöglicht werden.

Wie schon oben definiert, wird Wissensmanagement im vorliegendem Buch unter den beiden Funktionen des Tauschs von Daten und der interaktiven Generierung neuen Wissens verstanden. Dabei werden zwei scheinbar widersprüchliche Ansätze integriert, dennoch bestimmen beide Sichtweisen die Erfahrungen von Mitarbeitern in Unternehmen. Es wird die austauschtheoretische Perspektive als Ausgangspunkt genommen, um die Bedingungen der Möglichkeit für Wissensarbeit aufzuzeigen. Allerdings werden hier auch die Grenzen dieses Ansatzes deutlich. Der Vorteil der austauschtheoretischen Perspektive besteht darin, dass sie den Blick für die Organisationsbedingungen von Wissensarbeit öffnet.

Der Tausch von Daten findet z.B. sowohl bei jeder Projektgruppenarbeit statt, zu der alle Teilnehmer etwas beitragen, als auch bei der elektronischen Speicherung von best practice Beispielen einer Beratung in der Datenbank einer Unternehmensberatung. Natürlich ist in diesem Sinne Produktionsarbeit heute auch vielfach von Datenaustausch abhängig, wie Deutschmann (2002: 41) zeigt. Dennoch macht diese Definition deutlich, dass taylorisierte Arbeitsformen aus Nicht-Wissensarbeit bestehen.

Die austauschtheoretische Perspektive schließt an die Beobachtung von Mitarbeitern in Unternehmen an, die ihr Wissen als relevante Ressource wahrnehmen. Gerade in wirtschaftlich schwierigen Zeiten und bei drohendem Personalabbau wird Wissen zur Machtressource[9].

3.1 Die Generierung neuen Wissens

Bevor Wissen gespeichert und verteilt werden kann, muss es erst einmal generiert werden. In Organisationen kann natürlich auch das Wissen abgefragt werden, das die Mitarbeiter individuell in die Organisation mitbringen, aber es geht auch immer darum, gemeinsam neues Wissen für die Organisation zu entwickeln. Wie entwickeln Organisationen neues Wissen? Zuerst lernen natürlich Individuen in Organisationen. Es ist aber für die Organisation nur bedingt relevant, ob Frau Müller die Bedienung eines neuen Software-Programms gelernt hat. Frau Müller entwickelt in diesem Fall zunächst Wissen für sich selbst und nicht unmittelbar für die Organisation. Die klassischen psychologischen Lerntheorien erklären auch nur, wie Personen ein vorgegebenes Ziel erreichen und nicht, wie neues Wissen generiert wird. Es geht daher in den klassischen, individuellen Lernsituationen nur um Anpassung an vorgegebene Ziele.

---

[9]   Zum Machtaspekt vgl. Wilkesmann 1999, Wilkesmann/Piorr/Taubert 2000.

Neues Wissen wird häufig erst in kollektiven Lernsituationen generiert, da dort der Beitrag eines Individuums mit dem Beitrag eines anderen Individuums verbunden wird und so ein Ergebnis entsteht, das sonst nicht möglich gewesen wäre (Wilkesmann 1999). Die Interaktivität des Generierungsprozesses, die schon Malsch (1987) und Knoblauch (1996) analysiert haben, kommt hier exemplarisch in den Blick. Dabei kann die Interaktion auch in computervermittelt sein, wenn ein Akteur sich mit Daten in einer Datenbank beschäftigt, die ein anderer Akteur dort hineingestellt hat, um damit die Interaktion asynchron, also zeit- und ortsunabhängig, zu gestalten.

Dem kollektiven Lernen kommt vor allem eine zentrale Bedeutung zu, wenn komplexe Probleme behandelt werden sollen. So werden Probleme bezeichnet (vgl. Levine/Resnick/Higgens 1993), die nicht mit der Information eines Individuums alleine gelöst werden können. Außerdem existieren bei komplexen Problemen keine Entscheidungskriterien für eine "richtige" Lösung, d.h. es gibt keinen bekannten Lösungsweg. Auch die Anzahl der notwendigen Bearbeitungsschritte ist unbekannt.

Komplexe Probleme lassen sich daher besser in kollektiven Lernsituationen bewältigen. Dabei wird unterschiedliches individuelles Wissen, aber auch die Zusammenführung dieser verschiedenen Sichtweisen verlangt. Kollektive Lernsituationen benötigen somit sowohl eine Input-, als auch eine Prozessvariable. Inputvariablen sind als Fähigkeiten definiert, die die einzelnen Gruppenmitglieder in die Gruppe einbringen, wie individuelles Wissen und Sachverstand. Aus der Perspektive des einzelnen Mitarbeiters findet ein Input von Daten statt, der mit einer Tauschoption verbunden ist. Die Prozessvariable ist definiert als die Intragruppenleistung, d.h. als die Kommunikation innerhalb einer Gruppe. Hier muss nicht nur gemeinsam neues Wissen generiert werden, sondern es müssen auch Arbeitsabläufe, Zielsetzungen u.a. gemeinsam geplant werden.

Für das erfolgreiche kollektive Lernen ist zentral, dass Individuen verschiedene Sichtweisen zu einem Problem besitzen und gleichzeitig motiviert sind, diese auch in die Gruppe einzubringen, um eine gemeinsame Lösung zu finden. Wenn Machtdifferenzen keine Rolle spielen, wenn also keine fundamentalen Interessengegensätze existieren, dann ist eine gemeinsame Lösung möglich. Die kollektive Argumentation führt zu einem Ergebnis, zu dem isolierte Einzelmitglieder nicht gelangen würden –

auch nicht der "Beste" in der Gruppe (vgl. Weber 1997: 157ff). Deshalb „rechnet" sich an dieser Stelle die Gruppe auch.

3.1.1 Die Generierung neuen Wissens als Gefangenendilemma

Im Folgenden wird die geschilderte Situation – in einfacher Form – spieltheoretisch modelliert,[10] wobei aus Gründen der Vereinfachung auf den Wahrscheinlichkeitswert verzichtet wird. Die Situation entspricht dabei einem Gefangenendilemma entspricht, was noch gezeigt wird. Dazu wird das Modell des Gefangenendilemmas als Heuristik benutzt, die zunächst die Situation beschreibt, in der weder Möglichkeiten der internen Stabilisierung noch der externen Eingriffe existieren, welches in der Realität sicherlich beides in einem gewissen Umfang immer gegeben ist.

Das Gefangenendilemma wird sowohl in der Zwei-Personen-Form (Kapitel 3.2) als auch in der N-Personen-Form benutzt (vgl. Luce/Raiffa 1989). Für zwei Spieler I und II ist das Gefangenendilemma folgendermaßen definiert (Abb. 3):[11]

Jeder Spieler hat zwei Strategien: Er hat die Möglichkeit, mit dem anderen Spieler zu kooperieren oder nicht zu kooperieren. Erstere Strategie heißt Kooperation (C), die zweite wird Defektion (D) genannt. Der linke Buchstabe bezeichnet den Nutzen für Spieler I, der rechte den für Spieler II. Für die Buchstaben[12] können beliebige Zahlenwerte eingegeben werden, die folgender Reihenfolge genügen müssen: $T > R > P > S$ und $R > (T+S)/2$.

---

[10] Es wird dabei die Wert-Erwartungstheorie zu Grunde gelegt (Esser 1999: 247ff).

[11] Die ursprüngliche Version stammt von A.W. Tucker (vgl. Davis 1972: 104ff; von Neumann/Morgenstern 1961; Rapoport/Chammah 1965; zur Einführung Dixit/Nalebuff 1995).

[12] R steht für reward, T für temptation (dies ist die Free-rider-Position), S für sucker's pay off und P für punishment.

	Akteur II	
	C (Kooperation)	D (Defektion)
Akteur I C (Kooperation)	R / R	S / T
D (Defektion)	T / S	P / P

Abb. 3: Zwei-Personen-Gefangenendilemma

Entsprechend besteht das Dilemma nun darin, dass die individuell rationale Strategie die Defektionsstrategie ist. Wählen beide diese Strategie, dann pendelt sich die Lösung P/P ein, die pareto-suboptimal ist. Individuell rationales Handeln führt also nicht zu einem kollektiv rationalen Ergebnis. Damit dies der Fall ist, müssen Wege gefunden werden, bei denen die kooperative Strategie auch individuell rational wird, sich also das Ergebnis R/R einpendelt. Dies geschieht dann, wenn die Auszahlungsbedingungen in die Rangfolge des assurance-game gebracht werden: $R > T > P > S$[13].

Diese Überwindung des klassischen Gefangenendilemmas kann sowohl extern, als auch durch interne Stabilisierung der kooperativen Strategie erfolgen. Extern können durch einen dritten Akteur selektive Anreize verteilt werden, die die Auszahlungsbedingungen in ein assurance-game verwandeln. Intern lassen sich verschiedene Möglichkeiten finden: Die berühmtesten Möglichkeiten sind die Iteration der Situation (Axelrod 1987) und die Einführung eines Pfands (vgl. Raub 1992; Abraham 1996).

Bei der Erweiterung von zwei auf n Personen kommt ein zusätzliches Moment im individuellen Kalkül vor. Ob die Defektions- oder die Kooperationsstrategie einen höheren Nutzen für Ego erzielt, hängt von der Anzahl aller anderen kooperierenden Akteure ab. In einer gewissen Spanne von kooperierenden Akteuren existieren bestimmte Anzahlen von Akteuren n_1 und n_2 (mit $n_1 < n_2$), die einen Schwellenwert markieren (Elster 1989: 29). Kooperieren weniger als n_1 Akteure, dann ist es individuell indifferent, ob einige kooperieren oder gar keine. Der individuelle Nutzen von

---

[13] Wenn das Gefangenendilemma in ein assurance-game überführt wird, heißt dies nicht zwingend, dass es nur ein Ergebnis dieses Spiel gibt. Das assurance-game hat nämlich zwei Gleichgewichtspunkte: R/R und P/P. Das Gleichgewicht R/R ist aber gegenüber dem Gleichgewicht P/P dominant, da es pareto-optimal ist (vgl. Voss 1985: 161).

Ego kann nur durch Defektion gesteigert werden. In der Spanne der Anzahl von Kooperierenden n_1 und n_2 verbessert die allgemeine Kooperation das Ergebnis für jeden Aktuer. Kooperieren hingegen bereits mehr als n_2 Akteure, dann entsteht durch zusätzliche Kooperation kein individueller Nutzenzuwachs für jeden. Ego kann seinen Nutzen nur durch Defektion erhöhen. Zwischen n_1 und n_2 kann sich die kooperative Strategie aber selbst stabilisieren. Das n-Personen-Gefangenendilemma ist durch folgende drei Bedingungen definiert:

(1) $D_{(n)} > C_{(n)}$ (2) $C_{(n-1)} > D_{(0)}$ (3) $D_{(n)} > D_{(0)}$

D und C bezeichnen die Wahl der jeweiligen Strategien von Ego (D = Defektion und C = Kooperation). Die Indizes geben die Zahl der kooperierenden Personen an. Die Ungleichungen beschreiben die Nutzenrelation aus der Sicht von Ego.

Dies lässt sich auch an einer kollektiven Lernsituation verdeutlichen (vgl. Wilkesmann 1999; Cabrera/Cabrera 2002). Aus der Sicht des einzelnen Organisationsmitglieds ergibt sich die Frage, warum es überhaupt neue Ideen entwickeln soll. Zwar weiß Ego (als Organisationsmitglied), dass das Unternehmen nur langfristig überleben kann und damit langfristig sein Arbeitsplatz gesichert ist, wenn es neue Ideen generiert, jedoch impliziert dies für Ego auch Kosten. Wenn zu Problemstellungen neue Lösungen erarbeitet werden müssen, dann verursacht die Beteiligung an der Produktion der neuen Lösung für jeden Akteur Kosten. Aus der Sicht von Ego ist es rational, die Kosten Alter tragen zu lassen, d.h. auf Lösungsvorschläge der anderen Akteure zu warten, ohne sich selbst zu engagieren. Die individuellen Kosten der Erbringung von Vorschlägen werden dabei also hoch veranschlagt. Wenn die anderen Organisationsmitglieder neue Ideen produzieren und somit den Fortbestand des Unternehmens sichern, dann ist es für Ego immer rational, keine Kosten für den eigenen Lernprozess aufzubringen, d.h. wenn die anderen kooperieren, ist es für Ego rational zu defektieren $[D_{(n)} > C_{(n)}]$. Damit ist spieltheoretisch die erste Bedingung des Gefangenendilemmas erfüllt. Auch die zweite Bedingung $[C_{(n-1)} > D_{(0)}]$ gilt, da der Nutzenverlust – in Form eines möglichen Arbeitsplatzverlustes – für Ego größer ist, wenn er und n-1 Organisationsmitglieder sich der Anstrengung der Produktion neuer Lösungen unterziehen, als wenn niemand bereit ist dies zu tun. Die dritte Bedingung für ein n-Personen-Gefangenendilemma $[D_{(n)} > D_{(0)}]$ ist ebenfalls erfüllt, da der

Nutzenverlust durch die Verweigerung aller Organisationsmitglieder bei der Produktion neuer Lösungen größer ist, als wenn wenigstens *einige* lernen.

3.1.2 Die Überwindung des Dilemmas der Generierung neuen Wissens

Aus der Sicht von Ego stellt sich somit die Generierung neuer Ideen in Organisationen spieltheoretisch betrachtet als Gefangenendilemma dar. Es existieren theoretisch drei Überwindungsmöglichkeiten: Zum einen die alte Hobbes'sche Lösung eines dritten Akteurs, der theoretisch in diesem Kontext durch das Management gegeben ist. Das Management könnte durch selektive Anreize die Struktur des Gefangenendilemmas verändern[14]. Zweitens könnten vertragliche Regulierungen das Dilemma theoretisch lösen, und drittens kann das Gefangenendilemma durch eine interne Selbststabilisierung einer kooperativen Strategie überwunden werden, eben self-governance.

Die erste Lösung beinhaltet, dass das Management selektive Anreize für den gemeinsamen Lernprozess setzt. Das Unternehmen kann als dritter Akteur in das Gefangenendilemma der Generierung neuen Wissens eingreifen und durch die Vergabe von externen Anreizen die kooperative Strategie auch individuell rational gestalten. Die Vergabe von externen Anreizen stößt aber an prinzipielle Grenzen:

- Kollektive Lernprozesse können nur schlecht von außen beobachtet und bewertet werden. Dazu wären einfache, quantifizierbare Maßstäbe notwendig, an denen die Lernzielerreichung gemessen werden kann. Selbst wenn es einfache Maßstäbe gibt, an denen sich eine Belohnung ausrichten kann, heißt dies, dass das Lernziel oder die Handlung bereits definiert sein muss. Neue Ideen können aber nicht in eine zu quantifizierende Zielgröße gefasst werden, außer es geht um die Quantität gesammelter Ideen ohne jegliche weitere Spezifizierung. Kreative Lösungsprozesse, die in organisationalen Innovationen münden sollen, können so aber nicht erfasst werden.

- Bei kollektiven Lernprozessen handelt es sich um „multiple tasking". Komplexe Probleme zeichnen sich gerade dadurch aus, dass sie viele Aufgabenbereiche um-

---

[14] Wie selektive Anreize das Gefangenendilemma verändern, wird noch genauer gezeigt.

fassen. Selbst wenn ein oder mehrere Aufgabenbereiche aus dem „multiple tasking"-Bereich belohnt werden können, werden alle anderen abgewertet und somit vernachlässigt (Frey/Osterloh 2000).

Die zweite Lösung, eine vertragliche Regulation, stößt auch schnell an ihre Grenzen (Fehr/Schmidt 2000). Auf Grund der begrenzten Information der Akteure kann ein Vertrag nicht genügend spezifiziert werden. Selbst wenn dies möglich wäre, entstünden sehr hohe Transaktionskosten und der so geschaffene Handlungsraum wäre unflexibel[15].

Demnach bleibt für die Generierung neuen Wissens als Teil der Wissensarbeit nur die interne Stabilisierung der kooperativen Strategie. Sie kann durch zwei Faktoren erreicht werden: eine soziale Norm und intrinsische Motivation[16].

1. Interne Stabilisierung der Kooperation durch eine soziale Norm

Zur Durchsetzung einer sozialen Norm in einer Gruppe bedarf es sowohl genügender Überwachungs- als auch Sanktionskapazitäten. Nur wenn die Defektion beobachtet und bestraft werden kann, kann die Einhaltung einer Norm durchgesetzt werden. Die Durchsetzung einer sozialen Norm stellt ein Second-order-free-rider-Problem dar (Coleman 1990). Damit ist gemeint, dass die Frage, wer den Defekteur sanktioniert, wieder ein Gefangenendilemma darstellt. Für denjenigen, der die Sanktion ausspricht, verursacht dies (zumindest psychische) Kosten. Bezogen auf die Sanktionierung ist es für jeden Akteur günstiger, die Sanktion nicht selbst auszusprechen, also auf der zweiten Ebene zu defektieren. Verbietet eine Norm etwas, z.B. das Durcharbeiten während der Mittagspause (zugegeben ein ungewöhnliches Beispiel), und die Sankti-

---

[15] Theoretisch wäre auch denkbar, dass durch einen Vertrag neue Ideen in ein privates Gut transformiert würden, also Eigentumsrechte an diesen vergeben werden. Dem stehen jedoch zwei Argumente entgegen: (1) Die Zuweisung von Eigentumsrechten würde zu hohe Transaktionskosten nach sich ziehen. Eine eigenständige Bürokratie, die diesen Vorgang vollzieht, wäre notwendig. Schon beim betrieblichen Vorschlagswesen ist zu sehen, dass die Zuweisung von monetären Rechten an neuen Ideen sehr aufwendig und umständlich ist. (2) Die rechtlichen Gründe zur Bestandserhaltung einer Organisation sprechen dagegen: Neue Ideen müssen der Organisation und nicht dem Individuum gehören, sonst löst sich die Organisation auf. Sie würde bei umfassenden personellen Wechseln ihre Existenzgrundlage verlieren.

[16] Abweichend von Osterloh und Frey (2000) und in Übereinstimmung mit Ryan/Deci (2000) wird hier argumentiert, dass eine soziale Norm die Internalisierung externer Sanktionen und somit von der intrinsischen Motivation zu differenzieren ist.

onen sind negativer Art, wie das zur Rede stellen oder das Ärgern des Normbrechers, dann ist das Second-order-free-rider-Problem kostengünstig zu lösen. Es braucht nur ein Akteur die Sanktion zu vollziehen. Alle anderen könnten den Sanktionierenden durch Vergabe eines entsprechenden Status für sein Handeln belohnen (vgl. Wilkesmann 1994, 1999).

Die Überwachungskapazität ist von der Gruppengröße abhängig. Je größer die Gruppe, desto geringer die Überwachungskapazität[17]. Die Sanktionskapazität ist abhängig von der Anzahl der Sanktionierer und ihrer Macht. Je mehr Sanktionierer Defektion bestrafen, desto eher setzt sich eine Norm durch. Hierbei brauchen aber nicht alle beteiligten Akteure als Sanktionierer aufzutreten, sondern es reicht, wenn einer oder wenige Akteure als Sanktionerer fungieren, die dann wiederum von den restlichen Akteuren belohnt werden. So werden die Kosten für eine Normdurchsetzung reduziert.

Sind Akteure jedoch nicht immer gleich mächtig, so kann ein mächtiger Akteur leichter sanktionieren als ein weniger mächtiger Akteur. Nach Coleman (1990) ist die Macht eines Akteurs als das Interesse von Alter an einem Ereignis definiert, über dessen Ressource (oder das dadurch bestimmte Ereignis) Ego die Kontrolle besitzt: In Colemans Modell wird die Angebotsstruktur nicht reflektiert[18]. Karen Cook (Cook 1977; Yamagishi/Gillmore/Cook 1988; Cook/Whitmeyer 1992) geht über Colemans Ansatz hinaus, indem sie die Angebotsstruktur (Monopol – Oligopol – Polypol) und die Entfernung zur Quelle der Ressource für Alter einbezieht[19]. Die Macht Egos wird damit von seiner Stellung im Netzwerk abhängig. Die Stellung entscheidet über die

---

[17] Dies ist letztendlich das Argument von Olson (1985). Heckathorn (1989, 1993, 1996) hat dies in einem umfassenden Modell dargestellt, das jedoch einige andere Grundannahmen voraussetzt.

[18] Coleman (1990) selbst unterstellt einen vollkommenen Markt, denkbar wäre jedoch auch ein Angebotsmonopol der Ressource. Ego kann sich dann bei mehreren Nachfragern als Mengenregulierer verhalten.

[19] Zur Diskussion der Differenz zwischen dem Coleman-Modell und dem Ansatz von Cook vgl. Kappelhoff 1993, S. 104ff; Cook/Whitmeyer 1992; Yamaguchi 1996; Marsden 1983; Bienenstock/Bonacich 1997; Willer/Skvoretz 1997.

Entfernung zur Quelle der Ressource und über die Möglichkeiten alternativer Bezugsquellen[20].

Der Ansatz von Cook lässt sich wie folgt zusammenfassen: Je mächtiger ein Akteur durch seine Position im Netzwerk ist, d.h. je näher er sich an der Quelle der relevanten Ressource im Netzwerk befindet und je weniger die anderen Mitglieder die Möglichkeit einer alternativen Bezugsquelle besitzen, desto eher kann er seine normativen Verhandlungsvorstellungen durchsetzen. Mit diesem umfassenden Begriff der Macht kann entsprechend auch Herrschaft begründet werden. Sie definiert die Ressource der legitimen Karriereversprechung.

Aber je größer die Machtdifferenz zwischen zwei Akteuren ist, desto geringer werden in Relation dazu die Austritts- und Widerspruchskosten (Opportunitätskosten) für den weniger mächtigen Akteur. Damit steigt die Wahrscheinlichkeit, dass für den weniger mächtigen Akteur eine günstigere Austauschdyade existiert. Eine hohe Machtdifferenz zeichnet sich damit durch eine potenziell hohe Instabilität aus. Ein weiteres Argument gegen eine zu große Machtdifferenz liegt auf der ersten Ebene des Dilemmas. Auch bei größter Machtdifferenz kann ich niemanden zwingen, seine Ideen abzugeben und gemeinsam neues Wissen zu generieren.

Die strukturellen Bedingungen, unter denen eine Norm effizient durchgesetzt werden kann, sind: Je kleiner die Gruppe und je geringer die Machtdifferenz (auf der ersten Ebene), desto leichter lässt sich eine Norm durchsetzen. Damit ist aber noch nichts

---

[20] Nach Cook lassen sich positive und negative Netzwerke unterscheiden. Eine positive Verknüpfung der zwei Relationen A-B und B-C der Akteure A, B und C existiert dann, wenn C in Austausch mit A über B treten kann. Diese beiden Relationen sind dann negativ verknüpft, wenn der Austausch zwischen A und B in Konkurrenz zu einem Austausch zwischen B und C tritt. In rein *positiven* Netzwerken kann jeder Akteur einen bestimmten Ressourcentyp nur von einem anderen Akteur beziehen. Die Knappheit einer Ressource hängt somit auch von ihrer Stellung innerhalb des Netzwerkes ab, und wer die knappste Ressource an einem Punkt im Netzwerk kontrolliert, hat die meiste Macht an diesem Punkt. Die Knappheit einer Ressource an einem bestimmten Punkt im Netzwerk ist von der Distanz zur Quelle der Ressource bestimmt. In rein *negativ* verknüpften Netzwerken bestimmt die Verfügbarkeit von Ressourcen durch alternative Austauschrelationen die Verteilung der Macht. Alternative Bezugsquellen brechen hier die Monopolsituation der Ressourcenanbieter auf. In negativ verbundenen Netzwerken kann bei Konkurrenz die eigene Verhandlungsmacht jedoch durch Spezialisierung, Erweiterung des Tauschnetzwerkes oder durch die Koalition der Schwachen gegen die Starken erhöht werden (Kappelhoff 1993: 85).

über den Inhalt der Norm gesagt. Es ist lediglich die Durchsetzung der Kooperation in Hinblick auf irgendeine Norm beschrieben worden. Die Norm könnte auch eine geringe Effizienz zum Inhalt haben, z.B. dass alle den ganzen Tag Kaffee trinken. Allerdings wird durch eine soziale Norm am Arbeitsplatz definiert, was als faire Entlohnung für die eingesetzte Arbeit gilt (vgl. Homans Analyse des Bank Wiring Observation Room; Homans 1960). Schon Adams (Adams 1963) hat darauf hingewiesen, dass eine Entlohnung, die als nicht fair wahrgenommen wird, eine Reduktion der Arbeitsleistung zur Folge hat; d.h. Motivation kann nur dann auftreten, wenn die Akteure sich im Sinne der geltenden Norm als fair behandelt wahrnehmen.

Die angegebenen strukturellen Bedingungen sind nicht zufällig auch die bestimmenden Merkmale von Projektgruppen in Organisationen. Mit der Struktur ist nämlich die Hoffnung verbunden, dass sich nicht nur eine gemeinsame Arbeitsnorm durchsetzt, sondern langfristig eine kommunikative Orientierung entsteht, wie sie in der arbeitssoziologischen Literatur beschrieben wird (Malsch 1987; Knoblauch 1996; vgl. Wilkesmann 2000). Eine solche kommunikative Orientierung könnte z.B. zu einer solidarischen Interaktionssituation (Scharpf 2000: 152) führen, in der Ego einen Vorteil für Alter ebenso zu seinem eigenen Nutzen addiert. Diese subjektive Wahrnehmung führt zu einer entsprechenden Transformation der Ausgangsmatrix (Kelly/Thibaut 1978). Die Kooperation wird zur dominanten Strategie, da gilt: R+R > T+S > P+P.

In einer solchen Situation kann sich auch eine Interaktionssituation etablieren, die die Zustimmungskosten für das bessere Argument reduziert (Esser 1999: 281). Ego kann durchaus mal zugeben, dass er sich geirrt hat und Alter das bessere Argument hat, ohne einen Statusverlust deswegen zu befürchten[21].

Die hier diskutierten strukturellen Voraussetzungen finden sich auch in den Prinzipien des zirkulären Organisierens wieder (Ackoff 1994, Romme 1999, Wilkesmann/Romme 2003). Beim zirkulären Organisieren haben alle Mitarbeiter die Möglichkeit der Teilhabe an Gruppen mit großem Handlungsspielraum, in denen die Ent-

---

[21] In einer solchen Situation kann dann zusätzlich eine Selbstverpflichtung durch illokutionäre Sprechakte stattfinden (vgl. Habermas 1981, Bd. 1: 376), was allerdings die Logik des hier gewählten Ansatzes sprengen würde.

scheidungen im „consent" (definiert als Abwesenheit von mit Argumenten unterlegten Einwänden) getroffen werden. Somit haben alle Mitglieder Einfluss auf wichtige Entscheidungen für das Unternehmen und die eigene Arbeit. In diesen Strukturen ist die Selbstverpflichtung sehr viel höher, als wenn die Arbeitsverhältnisse entfremdeter wären. Beim zirkulären Organisieren sind die einzelnen Entscheidungsgruppen nach dem Prinzip der überlappenden Gruppen geordnet, wobei die Entscheidungswege sowohl bottom up als auch top down laufen. Entscheidungen, die z.B. in einer Gruppe nicht im consent gelöst werden können, wandern eine Stufe höher, auf der wieder mindestens ein Vertreter aus der ursprünglichen Gruppe Mitglied ist.

2. Interne Stabilisierung der Kooperation durch intrinsische Motivation

Die zweite Form der Überwindung des Gefangenendilemmas ist die intrinsische Motivation. Nach H. Heckhausen gilt eine Handlung dann als intrinsisch motiviert, „wenn Mittel (Handlung) und Zweck (Handlungsziel) thematisch übereinstimmen; mit anderen Worten, wenn das Ziel gleichthematisch mit dem Handeln ist, so daß dieses um seiner eigenen Thematik willen erfolgt. So ist z.B. Leistungshandeln intrinsisch, wenn es nur um das zu erzielende Leistungsergebnis willen unternommen wird, weil damit die Aufgabe gelöst ist oder die eigene Tüchtigkeit einer Selbstbewertung unterzogen werden kann" (Heckhausen 1989: 459). Damit definiert Heckhausen den Begriff intrinsische Motivation über die Gleichsetzung von Weg und Ziel. Ein Akteur ist intrinsisch motiviert, wenn ihm etwas Spaß macht. Mit dieser Definition baut Heckhausen auf den attributionstheoretischen Konzepten der intrinsischen Motivation nach Deci auf (vgl. die neuere Arbeit: Ryan/Deci 2000). Danach ist für die intrinsische Motivation entscheidend, dass der Akteur sein Handeln als selbstbestimmt empfindet. Dazu sind allerdings Arbeitsbedingungen notwendig, die Eigenverantwortlichkeit zulassen und fördern. Deci konnte auch den Zusammenhang zwischen solchen Arbeitsbedingungen und der Persönlichkeitsentwicklung nachweisen (Deci 1995). Sind alle Akteure intrinsisch motiviert, tritt das Gefangenendilemma nicht auf (Wilkesmann 1994). Die in der ursprünglichen Gefangenendilemma-Situation als Kosten verbuchten Aufwendungen, Lösungsvorschläge für Probleme zu erarbeiten, stellen bei einer intrinsischen Orientierung der Akteure keine Kosten mehr dar. Die Lösungsvorschläge werden erarbeitet, weil die Arbeit Spaß macht, die Sache interessant ist. Diese Aufwendungen zieht ein intrinsisch motivierter Akteur demnach nicht als Kosten von seinem zu erwartenden Nutzen ab, sondern addiert sie als zusätzlichen Nutzen dazu. Dadurch wird die Kooperationsstrategie individuell rational. Die subjektive Wahrnehmung der Akteure transformiert auch hier wieder die Ausgangsmatrix (Kelly/Thibaut 1978; vgl. Scharpf 2000: 151).

Für die hier vorgetragene Argumentation ist aber nicht die individuelle Wahrnehmung entscheidend, sondern die Situation, die diese individuelle Wahrnehmung strukturiert. Erst wenn eine Korrelation zwischen der Arbeitssituation und der motivationalen Attribuierung nachweisbar ist, kann ein Zusammenhang zwischen der Organisationsstruktur und der intrinsischen Motivation hergestellt werden. Nur dann sind Bedingungen der Möglichkeit beschreibbar, die self-governance auszeichnen. Die Untersuchung dieses Zusammenhangs bildet ein zentrales Moment im task characteristics approach der Organisationspsychologie. Hackman und Oldham (1980) konnten einen Zusammenhang zwischen der Art der Arbeit und der Arbeitszufriedenheit mit ihrem job-characteristics-model (JCM) nachweisen. Sie bestimmen fünf Kerndimensionen, die zu hoher Arbeitsmotivation führen:

- *Der Abwechslungsreichtum der Tätigkeit (skill variety):* Je mehr Sachwissen für die Erfüllung einer Aufgabe gebraucht wird, desto abwechslungsreicher ist sie. Wenn immer neue Information verarbeitet werden muss, ist eine Voraussetzung erfüllt, dass der Akteur in der Handlung "aufgehen" kann.

- *Die Ganzheitlichkeit der Aufgabe (task identity):* In je höherem Umfang eine Arbeit von Anfang bis Ende bearbeitet wird, desto größer ist die Ganzheitlichkeit der Aufgabe. Der Maßstab, auf den sich diese Aussage bezieht, ist dabei das Endprodukt. Eine Aufgabe, die von einem Akteur nur als zerstückelte Handlung angesehen wird, lässt keine Attribuierung als Selbstzweck zu.

- *Die Bedeutung der Aufgabe (task significance):* Die Menschen strengen sich bei ihrer Arbeit um so mehr an, je wesentlicher ihre Beiträge für die Arbeit oder das Leben anderer Menschen sind. Die Ausdehnung der ersten drei Dimensionen entscheidet nach Hackman und Oldham darüber, ob die Arbeit als sinnvoll erlebt wird.

- *Die Selbstständigkeit (autonomy):* Je größer die Anzahl der Entscheidungsmöglichkeiten bezüglich der Bearbeitung der eigenen Aufgabe sind, desto größer ist die Selbstständigkeit. Auf Grund dieser Selbstständigkeit fühlen sich die Akteure mehr für den Erfolg bzw. Misserfolg der Arbeit selbst verantwortlich. In dieser Dimension werden dem Akteur Handlungsalternativen eröffnet. Er muss eine Wahl selbst treffen.

- *Der Rückmeldeaspekt (job feedback):* Der Rückmeldeaspekt ermöglicht das Handeln an einem Maßstab auszurichten und somit den Arbeitsprozess auf ein Ziel hinzusteuern. Die Rückmeldung muss aus der Arbeit selbst erfolgen. Mit Rückmeldung ist nicht die Meinung der Kollegen oder Vorgesetzten gemeint[22].

Ein solcher Handlungsraum unterstützt die subjektive Ausbildung der intrinsischen Motivation. Der Zusammenhang ist natürlich nicht deterministisch. Attribuierung ist ein individueller Vorgang. Dennoch bestätigen umfangreiche empirische Untersuchungen, dass die Veränderung der fünf Kerndimensionen nach Hackman und Oldham auch zu einer Veränderung der individuellen Wahrnehmung führt (vgl. Algera 1990: 88). Kollektives Lernen bei komplexen Problemen eröffnet einen weiten Handlungsspielraum, da die Informationen zusammengetragen werden müssen und kein vorgegebener Lösungsweg existiert und somit die Möglichkeit gegeben ist, verschiedene Wege auszuprobieren.

---

[22] Ein durch diese fünf Dimensionen beschriebener Handlungsraum löst nicht zwangsläufig bei den Akteuren intrinsische Motivation aus. Unterschiedliche individuelle Dispositionen können zu verschiedenen Attribuierungen der Situation führen. Um diese unterschiedlichen individuellen Dispositionen zu berücksichtigen, haben Hackman und Oldham drei individuelle Voraussetzungen kategorisiert, die Einfluss auf die Attribuierung nehmen: die Kenntnisse und Fähigkeiten (knowledge and skill), das Selbstentfaltungspotenzial (growth need strength) sowie die Zufriedenheit mit den Kontextbedingungen (context satisfaction) (Hackman/Oldham 1980: 82ff). Ein Handlungsraum, der ein hohes Motivationspotenzial schafft, führt nur dann zu hoher intrinsischer Motivation, wenn entsprechend großes Sachwissen vorhanden ist. Bei zu geringem Sachwissen tritt Frustration auf, da die Aufgabe schlecht gelöst wird. Das Selbstentfaltungsmotiv ist ein Versuch, den unklaren Begriff der Selbstverwirklichung für den Arbeitsprozess zu konkretisieren. Einige Arbeitnehmer wollen sich in und durch ihre Arbeit weiterentwickeln, andere nicht. Die Zufriedenheit mit den Kontextbedingungen soll nach Hackman und Oldham die individuelle Disposition beschreiben, inwieweit die Arbeit potenziell gemocht wird oder nicht. Existiert eine große Unzufriedenheit mit den Kontextbedingungen, werden alle Arbeitsveränderungen von Anfang an negativ interpretiert, auch wenn alle anderen sie positiv empfinden.

3.2 Das Dilemma bei der Speicherung von Daten

Die zweite wichtige Funktion des Wissensmanagements stellt die Speicherung und Nutzung von Daten dar. Es existieren verschiedene Medien, die zur Speicherung genutzt werden können (vgl. Wilkesmann 2000). Im Folgenden werden nun Datenbanken analysiert, da sie in der Praxis momentan den wohl bedeutendsten Stellenwert aller Medien für diese Funktion haben.

Bei Datenbanken werden Akteure benötigt, die Daten eingeben und andere Akteure, die die Daten wieder abrufen und in ihrem Wissenskontext zu neuem Wissen verarbeiten. Aber auch in dieser Situation stellt sich die Frage, warum Mitarbeiter eigene Daten in Datenbanken und damit anderen zur Verfügung stellen sollen. Sie könnten nur darauf warten, dass dies die Kollegen machen. Aus der Sicht der Mitarbeiter stellt sich der Gebrauch einer Datenbank als Gefangenendilemma-Situation dar, in der sich die Kooperationsstrategie „Daten eingeben" und die Defektionsstrategie als „Daten nicht eingeben" darstellt (vgl. Abb. 4).

Dabei beinhaltet die Strategie „Daten eingeben", dass die Qualität der Daten ein Niveau erreichen, mit dem die anderen Nutzer auch etwas mit diesen Daten anfangen können. Entsprechend beinhaltet die Strategie „Daten nicht eingeben" auch die Handlung, Daten unvollständig oder in einer Form einzugeben, mit der andere Nutzer nichts anfangen können (Wilkesmann/Rascher 2002).

		Akteur II	
		Daten eingeben	Daten nicht eingeben
Akteur I	Daten eingeben	$R_1 = U_{C1}-K_{C1}-Q_{C1}+Q_{C2}$ / $R_2 = U_{C2}-K_{C2}-Q_{C2}+Q_{C1}$	$S_1 = U_{C1}-K_{C1}-Q_{C1}$ / $T_2 = U_{D2}+Q_{C1}$
	Daten nicht eingeben	$T_1 = U_{D1}+ Q_{C2}$ / $S_2 = U_{C2}-K_{C2}-Q_{C2}$	$P_1 = U_{D1}$ / $P_2 = U_{D2}$

Abb. 4: Gefangenendilemma der Dateneingabe bei einer Datenbank

Es ist in der Abbildung 4 der Nutzen (U) der einzelnen Strategien etwas differenzierter aufgeführt. Die Indizes $_C$ und $_D$ geben die jeweilige Strategie (Kooperation oder Defektion) sowie die Akteure ($_1$ oder $_2$) an. K steht für die Kosten der Dateneingabe und Q für die Bereitstellung der Daten-Ressource, d.h. das Wissen, das aus diesen

Daten generiert werden kann, ist nicht mehr exklusiv unter der Kontrolle der Person, die die Daten zur Verfügung gestellt hat.

Geben beide Akteure ihre Daten und damit ihr Wissen in die Datenbank ein, dann können sie es beide wechselseitig gebrauchen[23], sie erzielen die Nutzenauszahlung R. Zwar haben beide auch die Kosten der Dateneingabe (K_{C1}; K_{C2}) und die Kosten der Preisgabe ihrer Daten-Ressource (Q_{C1}; Q_{C2}), sie gewinnen aber wechselseitig die Kontrolle über die Ressource des anderen Akteurs hinzu und können insgesamt mehr Wissen generieren. Gibt Akteur I jedoch seine Daten nicht ein, Akteur II aber schon, dann erzielt Akteur I den höchsten Nutzen (T_1): Er gibt sein Wissen nicht preis, kann es also in strategisch wichtigen Aushandlungssituationen noch in die Waagschale werfen und macht sich nicht die zusätzliche Arbeit der Dateneingabe (U_{D1}). Außerdem kann er die von Akteur II zur Verfügung gestellten Daten, d.h. dessen Ressource, nutzen (Q_{C2}). Akteur II erreicht dagegen die niedrigste Auszahlung (S), da er sich die Mühe der Dateneingabe gemacht hat (K_{C2}), Akteur I sein Wissen nutzen kann (z.B. um damit eine Präsentation vor dem Vorstand vorzubereiten) und beraubt sich somit seiner wichtigsten Machtressource (Q_{C2}). Entsprechend andersherum ist die Situation, wenn Akteur I die Daten eingibt, Akteur II aber nicht. Geben beide keine Daten ein, dann haben sie sich zwar beide die Mühe der Dateneingabe gespart und behalten beide ihre Machtressource, können aber auch nicht voneinander lernen (P = U_{D1}; U_{D2}).

Dieses Dilemma tritt jedoch nicht bei allen Datenbanktypen auf, weshalb zuerst verschiedene Formen von Datenbanken differenziert werden müssen. Anschließend werden zwei verschiedene Überwindungsmöglichkeiten des Gefangenendilemmas diskutiert, die die kooperative Strategie der Dateneingabe stabilisieren. Es lassen sich folgende Datenbanktypen differenzieren:

- *Technische Datenbank*: Hier werden für den Produktionsablauf wichtige Daten eingegeben, ohne deren Hilfe die eigentliche Tätigkeit nicht (oder nicht vollständig) ausgeführt werden kann. Das Gefangenendilemma sollte hier deshalb nicht auftreten.

---

[23] Damit ist aus Gründen der Vereinfachung hier unterstellt, dass die Qualität der Daten und damit der Nutzen der Daten gleich ist, was in der Praxis natürlich nicht immer so sein wird.

- *Dienstleistungsdatenbank*: In dieser Datenbank werden Daten *freiwillig* zu vordefinierten Themen abgelegt. Untersuchungsergebnisse, Erfahrungen aus anderen Unternehmen, Hilfen für die Akquisition neuer Kunden etc. sind dort zu finden. Bei diesem Typ können aber auch Fragen zu bestimmten Themen gestellt werden, die Kollegen innerhalb kürzester Zeit beantworten. Wenn z.b. der Außendienstmitarbeiter einen Auftrag beim Kunden bespricht und nicht weiß, ob die geforderten Spezifikationen überhaupt realisierbar sind, dann kann er eine dringende Frage ins Netz stellen, die (möglichst kurz) darauf von den entsprechenden Experten weltweit beantwortet wird. Denn vielleicht ist dieser Auftrag in anderer Form schon in einem anderen Land von Mitarbeitern des Unternehmens bearbeitet worden. Auch ein Austausch in Newsgroups zu bestimmten Themen findet in diesem Datenbanktyp statt. Bei diesem Typ kommt das beschriebene Dilemma voll zur Geltung.

- *Prozessdatenbank*: Dieser Typ wird häufig in der Forschung und Entwicklung verwendet. Hier werden nach einem vorgegebenen Ablaufschema Dokumente über den Fortschritt eines Projektes eingegeben. Die Dateneingabe ist dabei *nicht freiwillig*, sondern dient zur Arbeitsstrukturierung und zum Controlling. Die gesamte Projektplanung und -abwicklung wird über die Datenbank bearbeitet. Allerdings haben andere Akteure, die nicht an dem Projekt beteiligt sind, nur sehr selten Zugriff auf diese Datenbank, d.h. der User-Kreis ist sehr begrenzt. Aus diesem Grunde tritt das oben beschriebene Dilemma nicht auf. Gegenseitige Kontrolle ist angesichts der Gruppengröße möglich. Allerdings kann die Qualität leiden, da nur der Akt der Dateneingabe überwacht wird.

- *Metadatenbank/Suchmaschine*: Dieser Typ dient nur zur Verknüpfung vorhandener Datenbanken. Infolgedessen tritt das beschriebene Problem nicht auf.

- *Yellow Pages/Skill-Datenbank*: Bei diesem Typ handelt es sich um eine Vorform des zweiten Datenbanktyps, in dem „nur" personengebundene Daten gespeichert werden. Auf Grund der Brisanz dieses Typs aus der Sicht der Arbeitnehmer wird er hier als eigene Kategorie erwähnt. Wenn die Daten von der Personalabteilung zentral verwaltet werden, existiert zwar nicht das Dilemma der Dateneingabe, aber es existieren rechtliche Probleme bei der Nutzung. Darf jede Person freiwillig Daten zur eigenen Person ablegen, besteht zumindest die Frage, welche persönlichen

Daten öffentlich gemacht werden sollen. Jeder möchte sich als Experte für ein bestimmtes Gebiet ausweisen, darf aber auch nicht zu viel versprechen, da die Angaben im Arbeitsvollzug überprüft werden können.

• *Knowledge-Base Datenbank*: Bei diesem Typ geben fest angestellte Redakteure Daten zu einem bestimmten Sachgebiet ein oder es wird Know-How in Form von Daten eingekauft, welches dann dort abgelegt wird. Da hier eine klare Aufgaben- und Anreizstruktur vorliegt, existiert das Dilemma nicht.

3.3   Die Überwindung des Dilemmas bei der Speicherung von Daten

Prinzipiell existieren die beiden zur Überwindung des Dilemma bei der Speicherung von Daten die beiden Möglichkeiten intrinsische Motivation und extrinsische Anreize. Wie diese genau aussehen, wird in den beiden folgenden Kapiteln dargestellt.

3.3.1 Interne Stabilisierung der Kooperation durch intrinsische Motivation

Im Falle der intrinsischen Motivation tritt das Gefangenendilemma nicht auf. Die Kosten (K_{C1}; K_{C2}) werden nicht vom Nutzen subtrahiert, sondern addiert. Dadurch verändert sich die Auszahlungsreihenfolge der Nutzenwerte wie folgt: $R > T > S > P$. Es entsteht also eine Mischform aus assurance-game und chicken-game[24]. Die kooperative Strategie ist immer dominant, da es Spaß macht, Daten einzugeben. Die Arbeit wird nicht auf Grund eines erst später zu erwartenden Nutzens unternommen, sondern als Selbstwert. Der Nutzen besteht in der Arbeit selbst, nicht in später erwarteten Belohnungen. Die Attribuierung von intrinsischer Motivation ist auch hier nur intern, d.h. als individuelle Attribution möglich, die aber durch entsprechend großen Handlungsspielraum unterstützt werden kann (siehe oben).

Folgende zwei Hypothesen lassen sich in diesem Zusammenhang benennen. Der Handlungsspielraum ist dabei definiert durch die fünf Kerndimensionen nach Heckman und Oldham (siehe oben):

H1: Je größer der Handlungsspielraum ist, desto eher tritt intrinsische Motivation auf.

---

[24]   Das chicken-game ist durch folgende Nutzenreihenfolge definiert: $T > R > S > P$.

H2: Je größer der Handlungsspielraum ist, desto kooperativer verhalten sich die Nutzer.

In den Hypothesen wird allgemein der Zusammenhang zwischen Handlungsspielraum und intrinsischer Motivation bzw. kooperativem Handeln hergestellt. Aus diesem Grund gelten sie auch für die Generierung neuen Wissens. Da jedoch nur Daten für die Speicherung und Nutzung von Daten in Datenbanken vorliegen, können die Hypothesen nur für diesen Teil überprüft werden.

3.3.2 Externe Durchsetzung der Kooperation durch extrinsische Anreize

Das Unternehmen kann als dritter Akteur in das Gefangenendilemma der Dateneingabe eingreifen und durch die Vergabe von externen Anreizen die kooperative Strategie der Dateneingabe auch individuell rational gestalten. Die Nutzenauszahlungen im Gefangenendilemma verändern sich im Zwei-Personenfall dann wie folgt (vgl. Abb. 5):

| | | Akteur II | |
		Daten eingeben	Daten nicht eingeben
Akteur I	Daten eingeben	R + X/ R + X	S + X/ T
	Daten nicht eingeben	T / S + X	P / P

Abb. 5: Gefangenendilemma der Dateneingabe mit extrinsischen Anreizen

X ist der extrinsische Anreiz, den das Unternehmen den individuellen Akteuren gibt. Damit für die einzelnen Akteure auch die „Dateneingabe-Strategie" dominant wird, muss X ≥ T – R sein. Wird X jeweils mit dem Wert von R und S addiert, dann verändert sich die Auszahlungsreihenfolge: R > T > S > P. Es entsteht also auch hier ein Mix aus assurance- und chicken-game.

Aus der Sicht des dritten Akteurs, des Unternehmens, der die Anreize aufbringen muss, rechnet sich der Eingriff zur Überwindung des Dilemmas auch. Wählen alle Akteure die Defektionsstrategie, dann entsteht dem Unternehmen ein Verlust, da sich die Investitionskosten nicht amortisieren und das Rad im Unternehmen möglicherweise zweimal erfunden wird, also Wissen doppelt generiert wird. Wählen alle Akteure jedoch die Kooperationsstrategie, erwartet das Unternehmen einen Gewinn; wobei die Gewinnerwartungen größer als die Investitionskosten zuzüglich der eingesetzten Anreize sein müssen. Häufig sind die Gewinne für das Unternehmen aber nicht eindeutig der Datenbank zuzurechnen. Die Informationen, die zum erfolgreichen Geschäftsabschluss geführt haben, stammen möglicherweise nicht aus der Datenbank, sondern sind über ein persönliches Netzwerk vermittelt worden.

In der Regel wird mit solchen externen Anreizen nur die Quantität belohnt, indem es z.B. für jedes in die Datenbank gestellte Dokument eine entsprechende Belohnung gibt. Damit wird natürlich die Qualität der Dokumente vernachlässigt. Dennoch kann es in der Aufbauphase einer Datenbank sinnvoll sein, solche Anreize zu vergeben, da eine Datenbank nur dann Nutzen stiften kann, wenn sie eine kritische Masse an Dokumenten enthält. Sind nur wenige Dokumente vorhanden, so wird ein Mitarbeiter wahrscheinlich zu seinem Stichwort kein Dokument finden und nach zwei oder drei vergeblichen Versuchen die Arbeit mit der Datenbank einstellen, da sie ihm nicht weiter helfen kann.

Im Falle der Datenbanken können extrinsische Anreize in Form von Geldprämien, Handys oder Reisen bestehen (vgl. das Fallbeispiel Siemens). Derartige extrinsische Anreize haben jedoch drei Nachteile:

1. Sie können eine Anspruchsspirale erzeugen. Über die Zeit erwarten Akteure immer mehr Anreize, für den gleichen Beitrag, damit weiterhin Motivation erzeugt wird.

2. Es wird nur die Handlung ausgeführt, die belohnt wird, andere werden vernachlässigt. Dies ist bei Aufgaben im Sinne von „multiple tasks" dysfunktional (vgl. Frey/Osterloh 2000). Wird z.B. die Anzahl der eingegebenen Daten belohnt, so wird das Verhalten der Akteure nur auf die Quantität, ohne Kontrolle der Qualität gelenkt. Es kann aber – wie gesagt – zur Erreichung einer kritischen Masse hilfreich sein.

3. Anreize können die bei Mitarbeitern vorhandene intrinsische Motivation verdrängen. Die Diskussion um diesen Verdrängungseffekt ist zu einem vorläufigen Abschluss gelangt und lässt sich in folgender Aussage zusammenfassen (vgl. Frey 1997; Ryan/Deci 2000): Externe Eingriffe verdrängen die intrinsische Motivation, wenn das Individuum sie als kontrollierend wahrnimmt. Die externen Anreize können jedoch auch die intrinsische Motivation verstärken, nämlich dann, wenn sie als unterstützend wahrgenommen werden.

Bei qualitativen Interviews mit Datenbanknutzern stellten sich folgende externe Anreize als wichtig heraus, die nach Aussagen der beteiligten Akteure auch nicht deren
intrinsische Motivation zerstören:

- *Sozialer Status*: Ich gebe Daten ein, weil ich im Unternehmen als Experte zu dem
  Thema anerkannt werde möchte.

- *Erfahrener Nutzen*: Kann ich selbst die Datenbank für meine Arbeit benutzen,
  dann bin ich auch eher bereit etwas dort hineinzustellen. Hier greift die Norm der
  Reziprozität. Habe ich die Datenbank als nützlich für mich erlebt, bekommt sie
  einen anderen Stellenwert.

Daraus lässt sich eine weitere Hypothese formulieren:

H3: Die externen Anreize „sozialer Status" und „Nützlichkeit" unterstützen intrinsisch motivierte Wissensteilung.

Die drei aufgestellten Hypothesen werden exemplarisch an dem Siemens-Fallbeispiel
im nächsten Kapitel verdeutlicht.

4 Fallbeispiel I: Siemens AG München[25]

4.1 Das Unternehmen

Siemens beschäftigt etwa 446.800 Mitarbeiter (Geschäftsjahr 2000) und ist ein weltweit operierendes Unternehmen mit Niederlassungen in über 190 Ländern. In Deutschland arbeiten ca. 180.000 Mitarbeiter und damit etwa 40 Prozent aller Beschäftigten. Fast 57.000 Mitarbeiter (etwa ein Achtel der Mitarbeiter) sind in der Forschung und Entwicklung (F&E) tätig; das jährliche F&E-Budget erreicht nahezu 6 Mrd Euro. Rund 75 Prozent des Umsatzes macht Siemens mit Produkten und Lösungen, die in den letzten fünf Jahren entwickelt wurden.

Beim Kooperationspartner Siemens Hofmannstraße (München) arbeiten ca. 20.000 Mitarbeiter. Der Tätigkeitsschwerpunkt des Untersuchungsgegenstandes Siemens Hofmannstraße ist der Bereich Information and Communication Networks (ICN) (siehe nachfolgender Punkt 1).

Der operative Geschäftsbereich der Siemens AG ist in folgende Arbeitsgebiete aufgeteilt:

Information and Communication: Das gesamte Spektrum an Mobile Business Lösungen – von kompletten Netzwerken über Endgeräte zur Sprach-, Daten- und Videokommunikation bis hin zu maßgeschneiderten Anwendungen und Services aus einer Hand;

Automation and Control: Dienstleistungen für den Fertigungsprozess der Industrie;

Strom: Stromerezugung in unterschiedlichen Kraftwerken und Transport zum Kunden;

Transportation: Vernetzung von Verkehrssystemen, Verbesserung der Sicherheit und Umweltverträglichkeit beim Auto;

---

[25] *Ansprechpartner*: Heribert Fieber, Betriebsratsvorsitzender; Dr. Michael Wagner, Vice President ShareNet (bis März 2002); Andreas Manuth, Manager ICN ShareNet (seit März 2002); Hofmannstraße 51, 81359 München, *Untersuchungsgegenstand*: ShareNet, *Art der Datenbank*: Dienstleistungsdatenbank

Medical: Diagnoseinstrumente und Ausstattungen für Krankenhäuser;

Lighting: Lampen für verschiedene Anwendungen;

Infineon Technologies AG: Chipherstellung;

Siemens Financial Services GmbH: Finanzlösungen;

Siemens Real Estate: Immobilienvermögen;

Die Siemens AG hat weitere Unternehmensbeteiligungen an der BSH Bosch Siemens Hausgeräte GmbH. Ungefähr 700.000 Aktionäre halten 589 Millionen Siemens Aktien. Die *Aktiva* betragen ca. 79 Mrd. EUR (Geschäftsbericht Siemens 2000).

Information and Communication Networks (ICN) stellt Netze und Lösungen für das Internet der nächsten Generation bereit – Grundvoraussetzungen für das Mobile Business. Mit einer installierten Basis von 220 Millionen Anschlüssen im Netzbetreibersegment und über 70 Millionen Anschlüssen bei Firmenkunden ist Siemens führend bei den Sprach- und Datennetzen. Der Bereich ICN hat im Geschäftsjahr 2000 den Umsatz von 5,1 Milliarden EUR um 75 Prozent auf 9 Milliarden EUR gesteigert.

4.2 ShareNet

4.2.1 Ausgangslage

Im Rahmen eines umfangreichen Organisationsentwicklungskonzeptes wurde im Bereich ICN im Sommer 1998 die Frage diskutiert, wie Teams effektiver arbeiten können und wie der Austausch der Informationen hinsichtlich Sammlung und Verbesserung der Qualität organisiert werden soll. Aufgenommen wurde insbesondere die Frage: Wo hätte man voneinander lernen können, wenn man nur voneinander gewusst hätte. Mit der Entwicklung eines entsprechenden Konzepts wurde die Firma „The Boston Consulting Group" beauftragt. Die Ergebnisse führten zur Initiative ShareNet, von der ein Teil der Aufbau einer umfangreichen Datenbank war.

4.2.2 Entwicklung, Aufgaben und Funktionen von ShareNet

ShareNet ist ein interaktives Knowledge Management (KM) Tool, welches das global verfügbare Wissen aus den Schwerpunkten Marketing und Verkauf aufzeigen soll. Zunächst war das Entwicklungsteam damit beauftragt, Wissensstrukturen der benötigten Verkaufslösungen zu erstellen und wichtige Kategorien über Geschäftsprozesse zu identifizieren. Dabei lag der Schwerpunkt auf den lokalen Aktivitäten innerhalb des globalen Markts. Es wurden in einem ersten Schritt die Lösungselemente von lokalen Projektteams erfasst, um diese dann im zweiten Schritt den Mitarbeitern zur Verfügung zu stellen. Die lokale Orientierung ist deshalb so wichtig, weil Aktivitäten innerhalb einer Branche, z.B. des Telekommunikationssektors, innerhalb verschiedener Länder auch verschiedene Anforderungen und Lösungen beinhalten.

Die KM Initiative startete im Frühjahr 1999 weltweit für die Mitarbeiter des Verkaufs in folgenden Bereichen: relevante Lösungen, Applikationen, Verkaufsprozesse und Projekte. In diesem Kontext nahm ShareNet eine zentrale Rolle für diese weltweiten Aktivitäten ein. Innerhalb eines innovativen Prozesses sollten die „best-practices" in ShareNet gespeichert und allen anderen zur Verfügung gestellt werden. Damit ist ShareNet mehr als nur ein Dokumentenmanagementsystem. Die Datenbank ist ein interaktives Medium für die aktuelle, tägliche Arbeit. Hier werden den Mitarbeitern in einem funktionalen, technischen System Informationen über Märkte, Kunden, Mitbewerber, Technologien, Partner und strategische Allianzen zur Verfügung gestellt.

Bei der Implementierung von ShareNet haben sich folgende Faktoren als wichtig erwiesen:

- Leadership,

- Bereitstellung geeigneter organisationaler Strukturen,

- Motivation und Rückmeldesystem,

- Organisationskultur und

- Durchführbarkeit als business case.

Das ShareNet-Entwicklungsteam bestand aus 40 Mitarbeitern der Bereiche Marketing und Verkauf, die aus weltweit 15 lokalen Niederlassungen stammten. Bewusst ist das Entwicklungsteam nicht nur mit Mitarbeitern aus der deutschen Zentrale, sondern mit Mitarbeitern besetzt worden, die das System später benutzen sollten – und zwar weltweit. Verantwortlich für die Entwicklung war der Bereich ICN (Information and

Comunication Networks), wobei die Abteilung Business Transformation Partners (BTP) die Projektkoordination übernahm.

ShareNet dient dazu, weltweit die benötigten Experten zu finden und durch entsprechende Informationen kontextgebundene Handlungsempfehlungen zu geben. Genutzt werden kann das System von allen Mitarbeitern der Bereiche ICN/ICM[26]. Dabei sind die ca. 17.000 Nutzer gleichzeitig sowohl Anwender als auch Informationsgeber. Die technische Pflege und das Management der Datenbank werden von 18 Mitarbeitern in München (Phase 1) und ca. 60 Personen weltweit betrieben, die in Teilzeit für ShareNet arbeiten.

Die Anmeldung erfolgt über das Hauptportal in dem Bereich „registration" über die E-Mail Adresse und ein Passwort. Die Freischaltung erfolgt nach Prüfung durch den Administrator innerhalb von 24 Stunden. Nach der ersten Anmeldung gelangt der Nutzer nunmehr zu seiner ersten Seite (vgl. Abb. 6).

Auf dieser Seite können alle Mitarbeiter, insbesondere die Verkäufer beim Kunden, dringende Anfragen (Urgent Requests) stellen, die ihnen von Kollegen innerhalb kürzester Zeit beantwortet werden. Es kann z.B. ein Verkäufer anfragen, ob eine technische Spezifikation, die ein Kunde wünscht, überhaupt realisierbar oder ob diese in einem anderen Land schon entwickelt worden ist. In den verschiedenen Bereichen werden dann die persönlichen Einstellungen für die folgenden Bereiche vorgenommen: My saved items, My Objekts, My Shares Statement, Information about me sowie Managing my workspace.

---

[26] ICM steht für Information and Communication Mobiles.

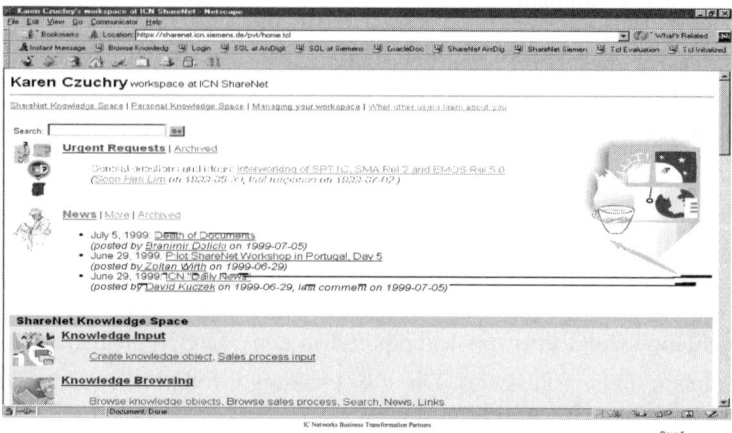

Abb. 6: Workspace (see Pull-out on Top)

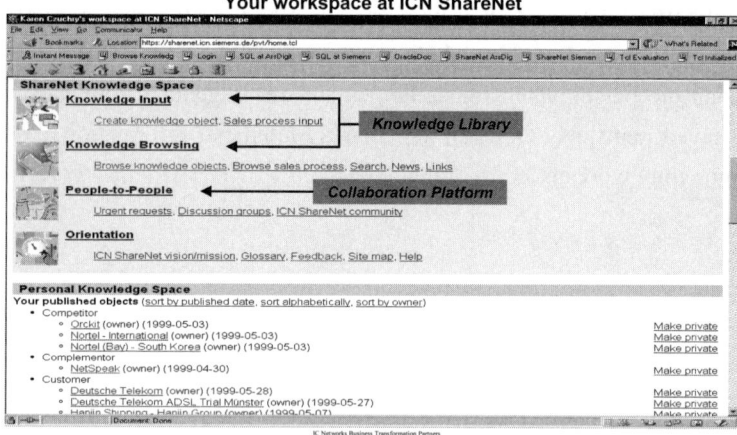

Abb. 7: ShareNet Knowledge Space

Zentrale Arbeitsfläche ist der ShareNet Knowledge Space (vgl. Abb. 7).Von dort gelangt der Benutzer auf die weiteren Hauptseiten: Knowledge Browsing, Knowledge Input, People to people sowie Orientation.

Der Bereich Knowledge Browsing bzw. Input beinhalten: Project, Technical Solution, Function Solution Components, Market, Customer, Complementor/Partner, Competitor, Contact, Uploaded Documents. Von hier aus hat der Mitarbeiter verschiedene Suchmöglichkeiten und kann im Input-Bereich eigene Projekte eingeben (Pflichtfelder vgl. Abb. 8).

Abb. 8: Create Project Setup

Weitere Funktionen sind: Advanced Search mit direct und indirect hits, Tips&Tricks, ein Überblick über die aktuellen Diskussionsforen in ShareNet sowie eine Online Hilfe. Zum Befragungszeitpunkt existierten 58 (Juni 2001) unterschiedliche Diskussionsforen. Die am meisten genutzte Funktion im ShareNet ist die Frageoption „urgent request".

4.2.3 Besonderheiten bei ShareNet

Im Hinblick auf die Fragestellung dieses Projekts existieren bei ShareNet drei Besonderheiten:

1. Ein spezielles Anreizsystem belohnt die Eingabe von Dokumenten und die Beantwortung von Fragen.

2. Neben der computervermittelten Kommunikation wird die ergänzende Face-to-face Kommunikation gezielt gefördert.

3. Über ein Controllinginstrument wird die Effizienz von ShareNet überwacht.

(1) Damit genügend Daten, Information und Anfragen in ShareNet eingegeben und genügend Fragen beantwortet sowie Daten genutzt werden, ist ein Anreizsystem entwickelt worden. Mit diesem Anreizsystem soll aber nicht nur die Benutzung von ShareNet belohnt, sondern auch eine Qualitätsbewertung der abgelegten Dokumente sowie der Antworten auf die „urgent requests" gefördert werden. Hierzu erfolgt eine Vergabe von Punkten – den Shares – nach festgelegten Richtlinien. Grundsätzlich erhält derjenige, der eine dringende Anfrage „urgent request" beantwortet 3 Punkte. In einer inhaltlichen Bewertung kann der Fragesteller die Qualität der Antwort noch einmal mit bis zu weiteren 5 Punkten versehen, die zum Zeitpunkt der vorliegenden Untersuchung noch verdoppelt wurden, um die Bedeutung der Qualitätsbewertung hervorzuheben. Die inhaltliche Bewertung erfolgt nach den Kriterien: Completeness, Clarity and Structure, Up-to-date, Learning Potential, Own Analysis, Innovation, Relevance, Reuseability und Appropriate Knowledge Object. Bei der Beurteilung von eingestellten Dokumenten wird die Punktezahl sogar mit dem Faktor 10 multipliziert (vgl. Tab. 1). Wird ein Objekt zweimal mit 0 Punkten bewertet, soll es aus dem aktuellen Bestand von ShareNet entfernt und in ein Archiv verschoben werden. Dort ist es aber weiterhin verfügbar und der Autor wird über diese Maßnahme informiert.

Die gesammelten Punkte können die Mitarbeiter gegen Sachpreise eintauschen. Mit steigender Punktzahl sind z.B. folgende Preise erhältlich: technische bzw. wirtschaftliche Literatur, verschiedene neue Handys, Weiterbildungsangebote und ein Besuch bei einem Kollegen/Niederlassung, mit dem man viel Wissen ausgetauscht hat. Neben dem Anreiz der Reise soll damit die Face-to-face Kommunikation gefördert werden. Die Leute, die viel über ShareNet kommuniziert haben, sollen sich auch persönlich kennen lernen. Bei allen Eingaben gilt: "ShareNet is a global community – use the english language only to make sure everyone can understand you."

Contribution type	Shares (Punkte)
Urgent request responses	3
Discussion group responses	3
Objects published	(3-20 nach einer besonderen Liste)
Object feedback received	Variable (0-5) x 10
Object feedback given	9
Urgent request feedback received	Variable (0-5) x 2
Specials	von der Zentrale zu besonderen Anlässen vergeben

Tab. 1: Überblick zur Verteilung von Shares

(2) Der Stärkung der Face-to-face Kommunikation dient auch ein zweites Instrument: Die 10 bis 15 Mitarbeiter, die viel in einem Diskussionsforum miteinander kommuniziert haben, sollen zu einem dreitägigen Workshop eingeladen werden. Dort können sie ihre Sachthemen weiter diskutieren, sollen sich aber hauptsächlich persönlich begegnen, um noch mehr Vertrauen aufzubauen und die Interaktionsbeziehungen noch stabiler zu gestalten.

(3) Mit Hilfe des Controllinginstruments für ShareNet wird aufgelistet, wie hoch der Umsatz mit Produkten/Projekten ist, der über ShareNet zustande kam. In Zielvereinbarungen wird die angestrebte Umsatzmenge für die gesamte ShareNet-Initiative jedes Jahr festgelegt.

4.3   Die Online-Befragung in ShareNet

Die nachfolgend beschriebene empirische Untersuchung fand im Herbst 2001 und im Frühjahr 2002 statt. Sie gliedert sich in zwei Teile: Zum einen in eine explorative Pilotstudie und zum anderen in eine quantitative Online-Befragung. Im ersten Schritt der Pilotstudie wurde die Datenbank ShareNet in München untersucht und es wurden qualitative Interviews in zwei Befragungswellen durchgeführt. Zunächst gab es Gespräche mit ShareNet-Verantwortlichen. Im zweiten Schritt wurde telefonische Leitfadeninterviews durchgeführt. Bei den befragten Personen handelte es sich um zehn Datenbanknutzer, verteilt über alle Hierarchieebenen. Die generelle Zielsetzung der qualitativen Untersuchung bestand in der Analyse der Motivations- und Anreizstrukturen innerhalb des Unternehmens. Hier galt es, zwischen dem allgemeinen Arbeitsfeld und der Arbeit mit der Wissensdatenbank zu differenzieren.

Die Online-Befragung richtete sich an alle Datenbanknutzer, die über einen Internetanschluss und über eine Zugangsberechtigung zur Datenbank verfügten. Durch die Mitarbeiterfluktuation in Großunternehmen kann die Anzahl der Nutzer der Datenbank nicht genau angegeben werden. Die Datenbank ShareNet konnte – nach Passwortvergabe – zum Befragungszeitpunkt von ca. 8.500 Mitarbeitern genutzt werden. Diese Anzahl kann als Grundgesamtheit der Untersuchung angesehen werden. Allerdings wird die Anzahl der *aktiven Nutzer* von den Verantwortlichen auf lediglich 35 % geschätzt.[27]

Die Installation von Überprüfungselementen im Fragebogen, die Mehrfachbeantwortungen verhindern sollten, ist bewusst nicht erfolgt, da hierfür die Verwendung von Cookies notwendig gewesen wäre. Weiterhin wurde darauf geachtet, dass keine Motivationsanreize zur Mehrfachbeantwortung wie z.B. eine direkte Bezahlung für das Ausfüllen des Fragebogens bereitgestellt wurden.

Der Fragebogen bestand aus 16 Internetseiten und pro Seite wurden drei bis vier Fragen gestellt.

In Block I des Online-Fragebogens werden berufliche und demographische Merkmale abgefragt. Dieser Bereich bezieht sich auf die grundlegenden, strukturgebenden

---

[27] Bei der Online-Befragung wurden folgende „Standards zur Qualitätssicherung für Online-Befragungen" (Arbeitskreis Deutscher Markt- und Sozialforschungsinstitute e.V. (A.M.D.) Mai 2001) gewährleistet: Die zu befragenden Personen sind mit dem Medium Internet/Intranet als Kommunikationsmittel vertraut und die Erreichbarkeit aller zu befragenden Zielpersonen ist gegeben. Weiterhin wurde darauf geachtet, dass der Fragebogen von jedem gängigen Browser (Netscape/Internet Explorer) interpretierbar ist und damit niemandem aus der Grundgesamtheit die Beantwortung des Online-Fragebogens verwehrt wurde. Da in der Untersuchung neben soziodemographischen Merkmalen hauptsächlich Einschätzungen zur Bestimmung von Anreiz- und Motivationselementen erfragt wurden, konnte neben einfachen geschlossenen Fragen mit einer Einschätzungsskala gearbeitet werden. Beide Messmethoden ermöglichten ein Fragebogendesign, bei dem der befragte Datenbanknutzer sich durch einfaches Anklicken durch den Fragebogen „manövriert" und seine Antworten und Einschätzungen abgeben konnte. Dieses setzte keine besonderen Kenntnisse oder Fertigkeiten voraus. Da es sich um eine internationale Erhebung handelte, wurde eine deutsche und eine englische Version des Fragebogens in der Datenbank verlinkt. Das Unternehmen bestätigte, dass somit niemand prinzipiell ausgeschlossen wurde. Ein Link vom Hauptportal der Datenbank führte direkt zum Online-Fragebogen. Außerdem wurde auf dem Hauptportal Werbung für den Fragebogen gemacht.

Merkmale der befragten Teilnehmer. In Block II werden Einschätzungen abgefragt, die die Motivationselemente in Bezug auf das allgemeine Arbeitsumfeld der Befragten ermitteln sollen. Angelehnt an die empirische Studie von Hackman und Oldham (1980) werden die fünf Kerndimensionen operationalisiert (für den deutschen Fragebogen vgl. Schmidt/Kleinbeck 1999). Jede Dimension wird mit zwei bis drei Einschätzungsfragen ermittelt[28]. Dieselbe Vorgehensweise und Gliederung wird auch für den Frageblock III benutzt. Hier werden ebenfalls die Indikatoren für die oben beschriebenen fünf Kerndimensionen aufgelistet. Der wesentliche Unterschied zu Block II ist hier die Ermittlung der Einschätzungen speziell für das Arbeiten mit der Datenbank. Hierdurch kann eine direkte Vergleichbarkeit der Motivationsstrukturen zwischen dem Arbeitsfeld allgemein und der Arbeit mit ShareNet gewährleistet werden. Die Operationalisierung der Dimensionen erfolgte durch folgende Items:

Abwechslungsreichtum ist in den Dimensionen benötigtes Sachwissen sowie die Erlangung dieses Sachwissens durch Schulung (sonst erschließt sich der Abwechslungsreichtum für den Akteur nicht, andernfalls würde er sich überfordert fühlen) in der Form folgender Items operationalisiert:

- „Ich benötige für meine Aktivitäten eine Vielzahl spezieller Kenntnisse und Fertigkeiten";
- „Ich hatte eine einführende Schulung mit ShareNet".

Da sich die Untersuchung auf eine Datenbank und nicht auf ein physisches Endprodukt bezieht, ist die Ganzheitlichkeit mit folgenden Items auf die Weiterentwicklung der Datenbank und die Verantwortung für ein Aufgabengebiets operationalisiert:

- „Ich fühle mich an der Weiterentwicklung von ShareNet ausreichend beteiligt";
- „Ich fühle mich selbst verantwortlich für mein Aufgabengebiet";
- „Ich werde bei Veränderungen an ShareNet, die meinen Arbeitsbereich betreffen, mit einbezogen".

Die Dimension Bedeutung ist durch die Bereiche der Bedeutung für das Unternehmen, der selbst wahrgenommenen Bedeutung durch eine gerechte Entlohnung sowie der Unabhängigkeit der eigenen Bedeutungsattribution durch Kritik der Kollegen o-

---

[28] Variationen sind vor allem dadurch entstanden, dass sich der Fragebogen von Hackman und Oldham auf eine Produktionssituation bezog.

perationalisiert, damit die Bedeutung in die Arbeit selbst attribuiert wird und nicht von außen kommt, sonst wäre es ein extrinsischer Anreiz:

- „Meine Arbeit mit ShareNet ist wichtig für das gesamte Unternehmen";
- „Ich fühle mich gerecht für meine Beiträge entlohnt, die ich speziell für ShareNet leiste";
- „Von meinen Vorgesetzten oder Kollegen erfahre ich selten, wie gut ich meine Arbeit mache".

Die Selbstständigkeit ist über die gegebenen Wahlmöglichkeiten und die klare Verantwortlichkeit operationalisiert. Letzteres ist besonders wichtig, da sonst jemand anderes in die eigenen Entscheidungen hineinreden könnte. Folgende Items bilden diese Dimension:

- „Ich kann die Reihenfolge, in der die Aufgaben zu erledigen sind, weitgehend selbst bestimmen";
- „Ich habe ein klar definiertes Aufgabengebiet";
- „Ich kann alle Aktivitäten, die sich auf ShareNet beziehen, selbständig erledigen".

Die Dimension Rückmeldung ist über das Feedback aus dem Arbeitsprozess selbst oder durch Orientierung an Zielen operationalisiert. Auch hier darf das Feedback nicht von anderen Personen kommen, sonst wäre es ein externer Anreiz.

- „Es werden Zielvereinbarungen mit mir darüber getroffen, was von mir erwartet wird";
- „Meine Arbeit mit ShareNet liefert mir selbst Hinweise darüber, wie gut ich gearbeitet habe, unabhängig von den Rückmeldungen, die mir Kollegen und Vorgesetzte geben".

Im darauf folgenden Frageblock IV werden Informationen über die Organisationsstruktur eingeholt. Mit vier Fragen werden Einschätzungen über Hierarchiewahrnehmungen und Wechselwirkungen zwischen Wissensweitergabe und Machtverlust ermittelt. Die Einschätzungen zum Anreizsystem, innerhalb der Arbeit mit ShareNet werden im anschließenden Fragenabschnitt V ermittelt. Gerade die Wirkung des Anreizsystems auf die Mitarbeitermotivation steht im Vordergrund des Erkenntnisinteresses. Hier geht es um Gerechtigkeit bei der Entlohnung, Förderung von intrinsischer und extrinsischer Motivation und die Wechselwirkungen zwischen beiden Motivationstypen. Ebenso werden Einschätzungen über Kosten-Nutzen Relationen im freiwilligen Umgang mit der Datenbank erhoben. Weiterhin werden Wirkungen des Anreizsystems auf die Wissensweitergabe und die Zusammenarbeit der Mitarbeiter erfragt. Die extrinsische Motivation ist mit Hilfe von zwei Items zur Wirkung der Shares operationalisiert:

- „Die gebotenen Shares sollten von Mal zu Mal erhöht werden, um mich anzuspornen";

- „Durch zusätzliche Shares setze ich meine Ziele höher".

Da die intrinsische Motivation bei der Weitergabe von Daten direkt nur schwer abgefragt werden kann, wird sie indirekt erfragt. Sie ist über den Verdrängungseffekt operationalisiert, wodurch auch die Abgrenzung zur extrinsischen Motivation besser gewährleistet ist.

- „Ich finde, durch Shares denken die Kollegen stärker an sich selbst";

- „Wenn Shares vergeben werden, kann der Vorgesetzte meine Leistung stärker kontrollieren".

Außerdem werden zwei Items verwendet, die sowohl intrinsische als auch extrinsische Motivation beschreiben, ohne dass ein Verdrängungseffekt aufritt. Dies ist beim Lob der Fall und, wenn die Shares „mitgenommen" werden, ohne sie als notwendig zu klassifizieren.

- „Mein Vorgesetzter sollte mich lieber öfter loben, anstatt Shares zu vergeben"

- „Ich freue mich über die Gelegenheit, durch Shares zusätzlich belohnt zu werden, finde es aber nicht unbedingt notwendig, um mich anzuspornen".

Im VI. Frageblock werden Einschätzungen über die allgemeine Arbeitssituation erhoben. Es wird abgefragt, ob es ein deutliches Anforderungsprofil und klare Aufgabendefinitionen gibt. Ferner werden Informationen über Kommunikationsstrukturen und Mitarbeiter-Vorgesetzten-Beziehungen eingeholt. Der vorletzte Teil VII des Online-Fragebogens fordert die Befragungsteilnehmer auf, Angaben über Wissensmanagement allgemein und innerhalb ihrer Organisation zu machen. Der abschließenden Teil VIII enthält kurze Fragen zur Arbeit mit der Datenbank. Die Teilnehmer sollen beantworten, wie lange sie bereits mit der ShareNet arbeiten und ob sie eine einführende Schulung erhalten haben. Zum Abschluss sollen sie außerdem eine allgemeine Bewertung über die Informationsqualität in der Wissensdatenbank und zum Aufbau dieser abgeben.

Die Antwortmöglichkeiten der Einschätzungsfragen basieren alle auf einer Siebener-Likert-Skala, in der von „stimme überhaupt nicht zu" (1), über „neutral" (4) bis hin zu „stimme voll zu" (7) „angeklickt" werden kann (Diekmann 2000: 209).[29]

4.3.1 Ergebnisse der Interviews und der Online-Befragung

Bei der Auswertung des Online-Fragebogens standen 271 verwertbare, bereinigte Datensätze zur Verfügung, von denen 13% von Frauen und 87% von Männern ausgefüllt wurden. Im Alter zwischen 21 und 30 Jahren sind 34,6% der Stichprobe, zwischen 31 und 40 Jahren 43,1%, zwischen 41 und 50 Jahren 15,6% sowie zwischen 51 und 60 Jahren 6,7% (vgl. Abb. 10). Die Verteilung von Alter und Geschlecht entspricht der Grundgesamtheit. In dieser Beziehung ist die Stichprobe repräsentativ. Die Betriebszugehörigkeit zeigt, dass besonders bei noch geringer Betriebszugehörigkeit der Anteil von Männern und Frauen etwa gleich ist, mit zunehmender Dauer der Betriebszugehörigkeit steigt der Anteil der Männer (Abb. 11).

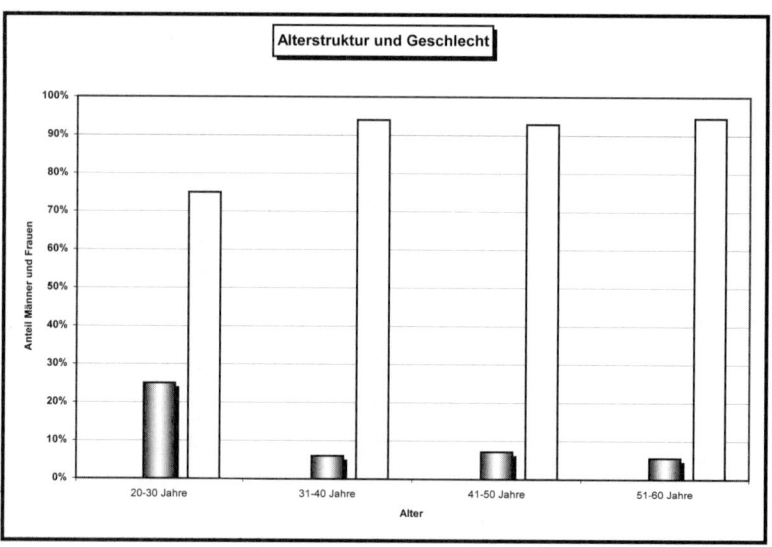

Abb. 9: Altersstruktur und Geschlecht

---

[29] Vor der eigentlichen Felduntersuchung wurden zwei Pretests durchgeführt. Der erste fand auf universitärer Ebene statt, der zweite innerhalb einer ausgewählten Gruppe von Personen des zu untersuchenden Unternehmens.

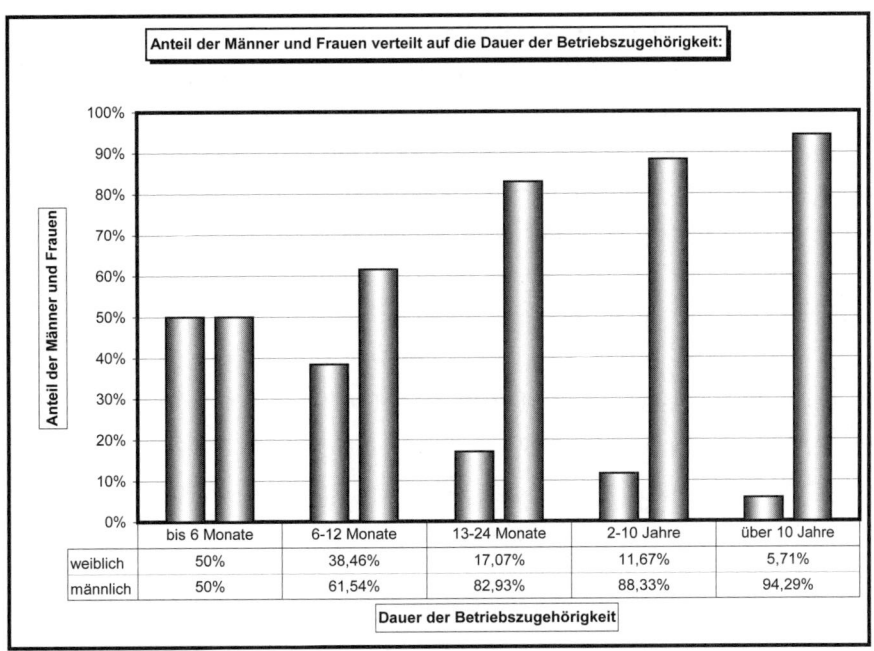

Abb. 10: Dauer der Betriebszugehörigkeit

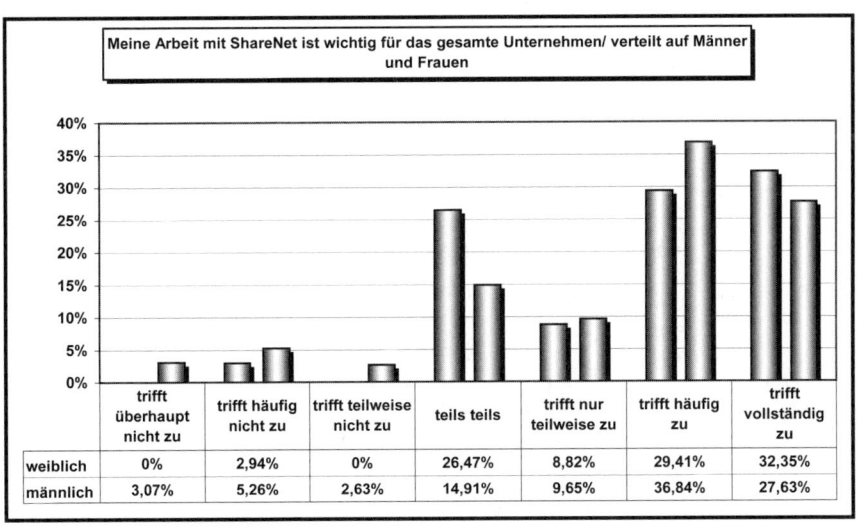

Abb. 11: Bedeutung der Arbeit mit ShareNet für das Unternehmen

Ein mittlerweile erkanntes Problem sind die Schulungen. Es wurde bereits in den Telefoninterviews immer wieder bemängelt, dass nicht alle Teilnehmer eine Schulung
erhalten haben. Bei der Befragung gaben lediglich 38,52% der Teilnehmer an, an einer Schulung teilgenommen zu haben. Unabhängig vom Geschlecht geben die Befragten an, dass ihre Arbeit mit ShareNet wichtig für das Unternehmen ist. Signifi-
kante geschlechtsspezifische Unterschiede konnten nicht festgestellt werden (Abb.
12).

Auf die Frage, seit wann die befragten Mitarbeiter mit ShareNet arbeiten, ergibt sich
folgendes Antwortverhalten: über 24 Monate arbeiten 35,84% der befragten
Mitarbeiter mit ShareNet, 13-14 Monate 29,06%, 6-12 Monate 20,38% und bei bis 6
Monate noch 14,72% der Befragten.

Gerecht entlohnt für den Beitrag, den sie für das Unternehmen leisten, fühlen sich
48,13% der Befragten. Zufrieden mit der Entlohnung, die sie für die Arbeit mit ShareNet erhalten, sind nur noch 38,94%. Große Unternehmen – und so auch im unter-
suchten Fall – arbeiten vor allem in modernen Organisationsformen mit dem Mana-
gementinstrument der Zielvereinbarung. Bei der Befragung gaben 44,28% der Teilnehmer an, dass keine Ziele vereinbart wurden. Mitarbeiter, mit denen Ziele vereinbart wurden, sind überwiegend Frauen. Hinsichtlich der Zielvereinbarungen bei ShareNet sind die Werte ähnlich. Hier gibt es für 49,42% der Befragten keine Zielvereinbarung. Die Qualität der bereitgestellten Daten wird umso besser beurteilt, je länger
die Mitarbeiter mit ShareNet arbeiten (Tab. 2).

Seit wann arbei-ten Sie mit Sha-reNet?	Die Qualität der bereitgestellten Daten/Informationen ist so gut, dass ich jederzeit ohne weitere Nachfragen damit arbeiten kann.						
	trifft über-haupt nicht zu	trifft häufig nicht zu	trifft teil-weise nicht zu	teils teils	trifft nur teilweise zu	trifft häu-fig zu	trifft voll-ständig zu
bis 6 Monate	50,00%	10,71%	15,00%	16,67%	10,99%	18,70%	0%
6-12 Monate	16,67%	35,71%	27,50%	19,05%	14,29%	16,67%	16,67%
13-24 Monate	33,33%	28,57%	32,50%	26,19%	27,47%	35,42%	16,67%
über 24 Monate	0%	25,00%	25,00%	38,10%	47,25%	29,17%	66,67%

Tab. 2: Qualität der bereitgestellten Daten

Die Bereitschaft Wissen zu teilen und die Zufriedenheit mit der Art und Weise, wie Shares vergeben werden (hier gaben 54,75% an, dass sie zufrieden sind), ist leicht positiv korreliert (signifikant auf dem Niveau von ,01; vgl. Tab. 3):

Mit der Art und Weise, wie die Shares vergeben werden, bin ich zufrieden.							
Ich habe keine Probleme damit, Kollegen mit meinen Erfahrungen zu unterstützen.		trifft überhaupt nicht zu	trifft häufig nicht zu	trifft teilweise nicht zu	teils teils	trifft nur teilweise zu	trifft häufig zu	trifft vollständig zu
	trifft nicht zu	10%	9,52%	5%	0%	0%	0%	
	teils teils	10%	14,29%	5%	2,95%	4,55%	0%	
	trifft zu	80%	76,19%	90%	97,05%	95,45%	100%	100%

Tab. 3: Vergabe von Shares I

Die Wahrnehmung von Wissen als Machtressource differiert zwischen den befragten Mitarbeitern in Deutschland und im übrigen Europa. Allgemein beurteilen die Befragten außerhalb Deutschlands Wissen weniger als Machtquelle (Abb. 12).

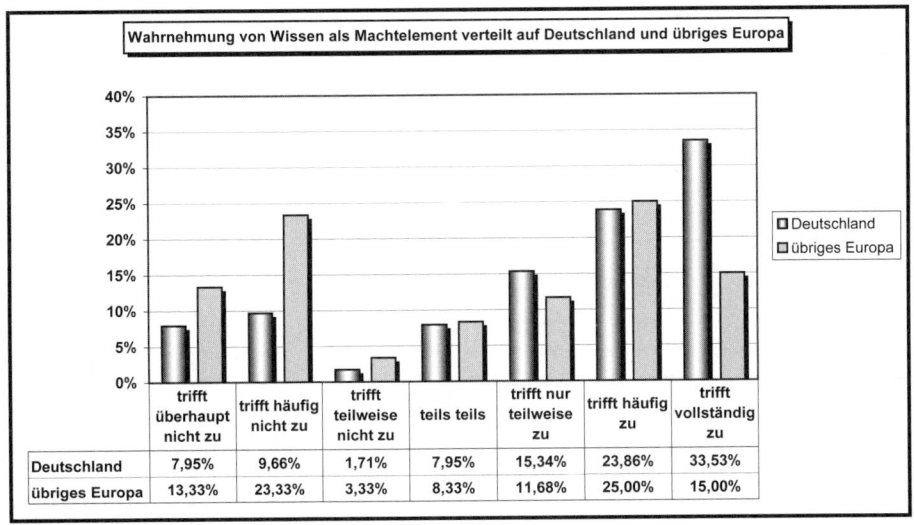

Abb. 12: Wissen als Machtelement

Im Folgenden werden einige Fragen und deren Ergebnisse aufgelistet, mit denen die Bereitschaft Wissen zu teilen abgefragt wurde. Hier ist besonders die nach Alter unterschiedliche Einschätzung interessant. Jüngere Mitarbeiter sind eher auf Shares aus als ältere, die hingegen eher das Gesamtunternehmen im Blick haben als die Jüngeren. Je jünger die Mitarbeiter, desto eher ist die Karriere auch ein Argument für die Wissensteilung (vgl. Tab.4).

Ich erhalte ShareNet-Shares:

20-30 Jahre	12,91%
31-40 Jahre	14,41%
41-50 Jahre	2,38%
über 51	0%

Unsere Firma braucht unsere gemeinsamen Anstrengungen um wettbewerbsfähig zu sein

20-30 Jahre	22.58%
31-40 Jahre	26,13%
41-50 Jahre	42,86%
über 51	66,67%

Ich kann meinerseits auf nützliches Wissen zugreifen:

20-30 Jahre	15,05%
31-40 Jahre	10,81%
41-50 Jahre	23,81%
über 51 Jahre	5,56%

Das ist gut für meine Karriere

20-30 Jahre	17,20%
31-40 Jahre	2,70%
41-50 Jahre	2,38%
über 51Jahre	0%

Das ist gut für mein Ansehen

20-30 Jahre	3,23%
31-40 Jahre	7,21%
41-50 Jahre	2,38%
über 51 Jahre	5,56%

Ich helfe gerne meinen Kollegen

20-30 Jahre	29,03%
31-40 Jahre	38,74%
41-50 Jahre	26,19%
über 51 Jahre	22,22%

Tab. 4: Warum Wissen im ShareNet geteilt wird

Alle Altersgruppen zusammengefasst ergeben folgendes Bild: Auf die Frage, was für sie der primäre Anreiz ist, Daten im ShareNet bereitzustellen (nur eine Antwort war möglich), antworteten 11,1%, dass sie dafür Shares erhalten, also ein rein extrinsischer Anreiz. Allerdings antworteten 31,4% ganz intrinsisch motiviert, dass sie ihren Kollegen gerne helfen würden. Für 13,7% ist der Anreize der Reziprozitätsnorm wichtig, dass sie dann ihrerseits auf nützliches Wissen zurückgreifen können. Für 7,4% ist der extrinsische Anreiz der Karriere der primäre und für 4,8% der soziale Status als extrinsischer Anreiz am wichtigsten. Immerhin antworteten 29,9%, dass die Firma die gemeinsame Anstrengung aller Mitarbeiter braucht, um wettbewerbsfähig zu bleiben, also ein vermittelter extrinsischer Anreiz, der auf den Erhalt des eigenen Arbeitsplatz abstellt. Somit ist für 11,1% ein rein extrinsischer, für 55,8% ein (indirekter) extrinsischer Anreiz, der entweder mittelbar ist oder vermutlich keinen Verdrängungseffekt bei der intrinsischen Motivation auslöst und für 31,4% ein rein intrinsischer Handlungsgrund zu finden (vgl. Tab. 5).

	Ich erhalte Shares	Unsere Firma braucht unsere gemeinsame Anstrengung, um wettbewerbsfähig zu bleiben	Ich kann meinerseits auf nützliches Wissen zugreifen	Das ist gut für meine Karriere	Das ist gut für mein Ansehen	Ich helfe gerne Kollegen
%	11,1	29,9	13,7	7,4	4,8	31,4

N = 266

Tab. 5: „Was ist für Sie der primäre Anreiz, Wissen in SharNet bereitzustellen?"

Länderspezifisch zeigt sich folgendes Bild (Abb. 13). Die Einschätzung zur Frage, ob man bei einer erneuten Einführung von ShareNet noch einmal alles genauso machen würde, sieht wie folgt aus (Abb. 14):

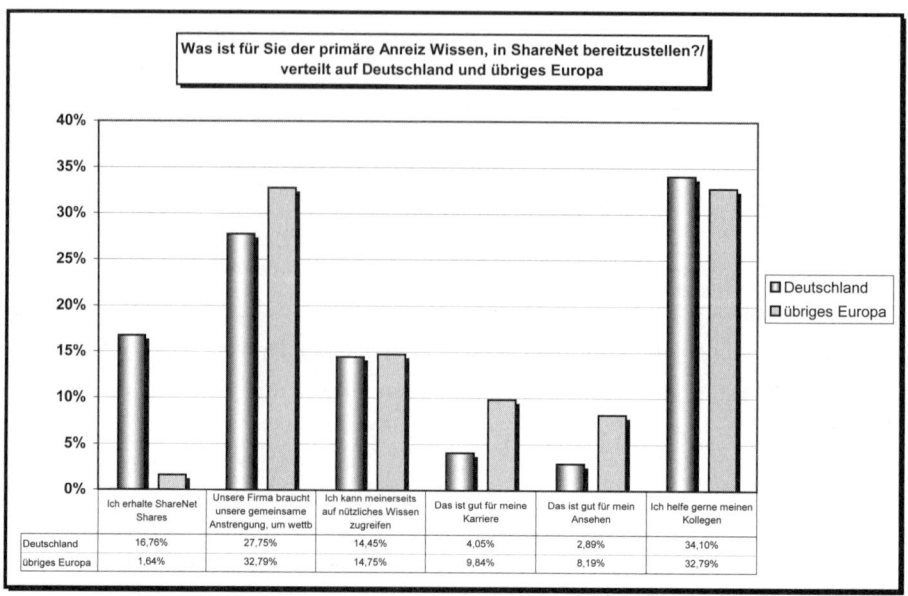

Abb. 13: Anreize zur Bereitstellung von Wissen in ShareNet

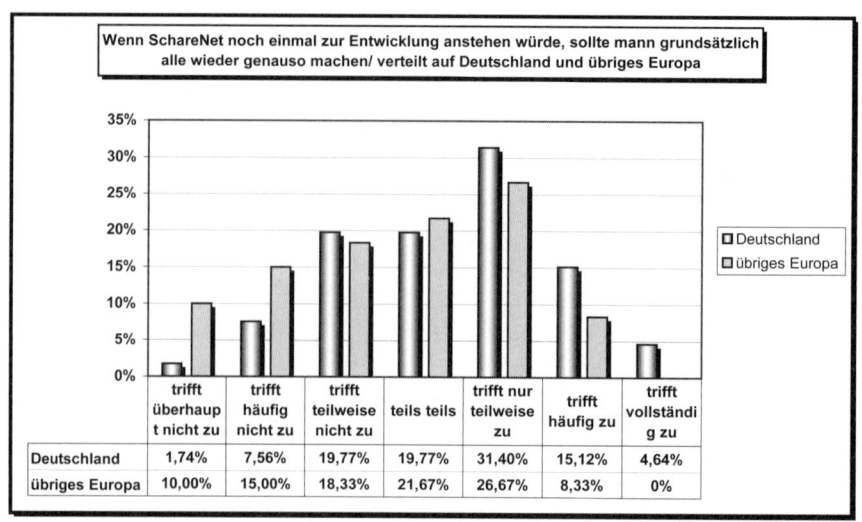

Abb. 14: Verbesserungen bei der nochmaligen Entwicklung von ShareNet

Ein nicht ganz einheitliches Bild ergibt die Frage, ob das Incentivesystem abgelöst werden sollte (Abb. 15).

In diesem Zusammenhang ist festzuhalten, dass es sich bei den Befragten um Verkaufsmitarbeiter handelt, die durch ihre berufliche Situation stark auf externe Anreize sozialisiert worden sind. Aus diesem Grund sind für das System auch so viele externe Anreize konzipiert worden – zumindest für die Startphase der Erzeugung einer kritischen Masse. Obwohl viele extrinsische Anreize sowie Möglichkeiten zur intrinsischen Motivation existieren, haben immerhin 19,3% der Befragten geantwortet, dass sie sich als free-rider verhalten, d.h. mehr Informationen aus der Datenbank beziehen als hinein stellen und 48,9% aller antwortenden Mitarbeiter betrachten Wissen als eine Machtressource. Dies bestätigt also die Grundannahme, dass Wissen aus der Perspektive der Mitarbeiter häufig als Machtressource wahrgenommen wird.

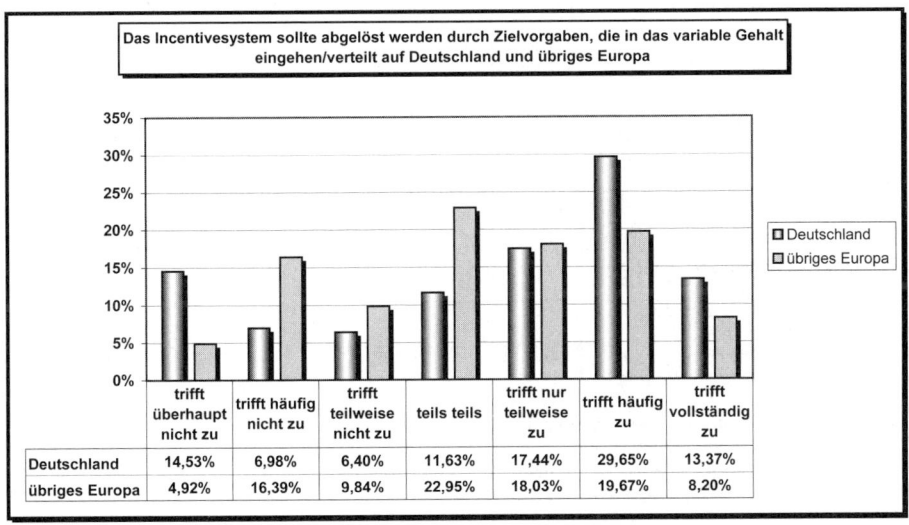

Abb. 15: Incentivesystem oder Zielvorgaben

Im nächsten Schritt wird die Hypothese H1 untersucht. Dazu werden die Antworten aller Items bezüglich des Handlungsspielraums bei der Arbeit mit der Datenbank und der Fragen zur Motivation einer Faktorenanalyse unterzogen (vgl. Backhaus et al. 1996: 190ff). Mit der Faktorenanalyse soll überprüft werden, ob sich die fünf theoretisch entwickelten Kerndimensionen auch in dieser Untersuchung wieder finden. Allerdings ließen sich auch in den vielen Untersuchungen, die den Originalfragebogen von Hackman und Oldham benutzt haben, nicht genau die fünf Faktoren replizieren (vgl. zur Metaanalyse Schmidt/Kleinbeck 1999, für Einzeluntersuchungen Dick et al. 2001, Kil et al. 2000).

Zu diesem Zweck wird die Hauptkomponentenanalyse gewählt. Die Anzahl der Hauptkomponenten wird nach dem Kaiser-Kriterium durch einen Eigenwert größer eins bestimmt. Zur besseren Interpretation der Hauptkomponenten erfolgt eine Rotation nach der Varimax-Methode mit Kaiser-Normalisierung, die die Anzahl von Variablen mit hoher Faktorladung minimiert und somit dem Anspruch, verschiedene Dimensionen gleichmäßig zu erfassen entspricht. Bei einem KMO-Wert von 0,7 und einer erklärten Varianz von 58,8% ergeben sich die Hauptkomponenten nach Tab. 6.

Variablen	Hauptkomponente 1: Ganzheitlichkeit und Rückmeldung	Hauptkomponente 2: Selbstständigkeit und Abwechslungsreichtum	Hauptkomponente 3: Bedeutung und Schulung	Hauptkomponente 4: gerechte Entlohnung
1. Ich benötige für meine Aktivitäten eine Vielzahl spezieller Kenntnisse und Fertigkeiten	1,80E-02	,380	,140	-,640
2. Ich hatte eine einführende Schulung in ShareNet	,456	,175	,609	-,275
3. Ich fühle mich an der Weiterentwicklung von ShareNet ausreichend beteiligt	,826	,120	-4,49E-02	6,52E-02
4. Ich fühle mich selbst verantwortlich für mein Aufgabengebiet	,151	,803	-1,16E-02	-,104
5. Ich werde bei Veränderungen, die mein Aufgabengebiet betreffen, mit einbezogen	,846	-7,09E-02	-4,55E-02	-2,05E-02
6. Meine Arbeit mit ShareNet ist wichtig für das gesamte Unternehmen	-8,21E-02	,133	,782	,175
7. Von meinem Vorgesetzten oder Kollegen erfahre ich selten wie gut ich meine Arbeit mache	-,266	-,326	,581	3,32E-02
8. Ich fühle mich gerecht für meine Beiträge entlohnt, die ich speziell für ShareNet leiste	,231	,265	,160	,629
9. Ich kann die Reihenfolge, in der die Aufgaben zu erledigen sind, weitgehend selbst bestimmen	,109	,763	-8,84E-02	,128
10. Ich habe ein klar definiertes Aufgabengebiet	-2,55E-02	,491	,358	7,90E-02
11. Ich kann alle Aktivitäten, die sich auf ShareNet beziehen, selbständig	1,94E-02	,416	,275	,489

erledigen				
12. Es werden Zielvereinbarungen mit mir darüber getroffen, was von mir erwartet wird	,640	,124	-4,27E-02	-3,28E-02
13. Meine Arbeit mit ShareNet liefert mir selbst Hinweise darüber, wie gut ich gearbeitet habe, unabhängig von den Rückmeldungen, die mir Kollegen und Vorgesetzte geben	,737	,104	-7,87E-03	,312
Eigenwerte und	3,165	1,935	1,373	1,183
max. Alpha	,741	,523	,294	,167

N = 247   KMO-Wert ,70
Extraktionsmethode: Hauptkomponentenanalyse
Rotation nach der Varimax-Methode mit Kaiser-Normalisierung

Tab. 6: Faktoranalyse über die Items zum Handlungsspielraum

Die erste Hauptkomponente lädt hoch auf den Items zur Ganzheitlichkeit der Aufgabe und der Rückmeldung (Items Nr. 3, 5, 12 und 13). Max. Alpha[30] (Armor 1973) für diese Hauptkomponente beträgt ,741. Die zweite Hauptkomponente lädt auf den Items der Selbstständigkeit (Nr. 9 und 10) sowie auf dem Item „Ich fühle mich *selbst* verantwortlich für mein Aufgabengebiet" (Hervorhebung nicht im Fragebogen). Da in diesem Item auch die Selbstverantwortung angesprochen wird, ist es von den Befragten zur Dimension Selbstständigkeit zugeordnet worden. Außerdem lädt diese Hauptkomponente leicht auf einem Item zum Abwechslungsreichtum (Nr. 1). Max. Alpha für diese Hauptkomponente beträgt ,569. Die dritte Hauptkomponente lädt hoch auf den beiden Items der Dimension Bedeutung (Nr. 6 und 7) und dem Item Nr. 2, das die Bedeutung der Schulung hervorhebt (max. Alpha ,384), also nur die Voraussetzung für die Erfahrung des Abwechslungsreichtums erfasst, nicht die Abwechslung an sich. Die vierte Hauptkomponente lädt hoch auf dem Item der gerechten Entlohnung (Nr. 8) und leicht auf einem Item der Selbständigkeit (Nr. 11). Da in dieser Hauptkomponente hauptsächlich der Effekt der Entlohnung erfasst wird, bleibt sie bei der weiteren Betrachtung unberücksichtigt. Insgesamt lassen sich in dieser Komprimierung die fünf Kerndimensionen wiederfinden, wenn auch in etwas anderer Abgrenzung.

---

[30] Wenn k die Anzahl der Items ist, beträgt $\alpha_{max} = k/(k-1)[1-1/\lambda_{max}]$ mit λ_{max} als größtem Eigenwert der Korrelationsmatrix; vgl. Büchler (1983: 78).

Die Faktoranalyse über die Items der Motivation (Hauptkomponentenanalyse ohne Rotation)[31] produzierte bei einem KMO-Wert von 0,6 und einer erklärten Varianz von 74,6% drei Hauptkomponenten (Tab. 7): Die erste Hauptkomponente lädt sehr hoch auf den Items der extrinsischen Anreize (Items-Nr. 1 und 2; max. Alpha ,619). Wie zu erwarten lädt diese Hauptkomponente hoch negativ auf den Items der intrinsischen Motivation. Die zweite Hauptkomponente lädt sehr hoch auf die Items, die indirekt über den Verdrängungseffekt die intrinsische Motivation abfragen (Nr. 3 und 6; max. Alpha ,326). Die dritte Hauptkomponente umfasst Mitarbeiter, die sowohl intrinsisch als auch extrinsisch motiviert sind (Nr. 4 und 5; max. Alpha ,047). Da die letzte Hauptkomponente nur auf einem Item hoch lädt, das weder der extrinsischen noch der intrinsischen Dimension zuzurechnen ist, wird es für die weitere Analyse vernachlässigt.

Variablen	Hauptkomponente 1: extrinsische Motivation	Hauptkomponente 2: intrinsische Motivation	Hauptkomponente 3:
1. Die gebotenen Shares sollten von Mal zu Mal erhöht werden, um mich anzuspornen	**,781**	,260	,263
2. Durch zusätzliche Shares setze ich meine Ziele höher	**,823**	,259	,192
3. Ich finde, durch Shares denken die Kollegen stärker an sich selbst	-,404	**,718**	-,246
4. Mein Vorgesetzter sollte mich lieber öfter loben, anstatt Shares zu vergeben	-,712	,157	**,231**
5. Ich freue mich über die Gelegenheit, durch Shares zusätzlich belohnt zu werden, finde es aber nicht unbedingt notwendig, um mich anzuspornen	-,306	-,269	**,849**
6. Wenn Shares vergeben werden, kann der Vorgesetzte eine Leistung stärker kontrollieren	-,122	**,790**	,317
Eigenwerte und max. Alpha	2,066 ,619	1,373 ,326	1,041 ,047

N = 258   KMO-Wert ,60;
Extraktionsmethode: Hauptkomponentenanalyse; keine Rotation

Tab. 7: Faktoranalyse über die Items zur Motivation

---

[31]   In diesem Fall wurde die unrotierte Lösung verwendet, weil sie sehr gut interpretierbar ist.

Für die weitere Analyse wird mit den nach der Regressionsmethode gewonnenen Faktorwerten weiter gerechnet[32]. Die Korrelation zwischen den Faktorwerten der Dimensionen des Handlungsspielraums und der Motivation ergibt Folgendes (Tab. 8): Die Kerndimension Bedeutung und Schulung korreliert – wie erwartet – sehr positiv mit der intrinsischen Motivation und es existiert eine negative Korrelation mit der extrinsischen Motivation. Die Dimension Selbstständigkeit und Abwechslung entspricht nicht der Hypothese. Die Faktorwerte korrelieren negativ mit der extrinsischen (wie erwartet), aber auch mit der intrinsischen Motivation. Die Dimension Ganzheitlichkeit und Rückmeldung korreliert entgegen der in der Hypothese ausgedrückten Erwartung. Die Faktorwerte sind negativ mit der intrinsischen und positiv mit der extrinsischen Motivation korreliert.

Der Zusammenhang zwischen intrinsischer Motivation und den Kerndimensionen des Handlungsspielraums wird zusätzlich mit Hilfe einer multiplen Regressionsanalyse nach simultanen Methoden untersucht, um den Einfluss weiterer Variablen auf diesen Zusammenhang zu testen (Tab. 8; vgl. Backhaus et al. 1996: 9ff). Abhängige Variable ist die gebildete Dimension intrinsische Motivation. Unabhängige Variablen sind die drei Kerndimensionen sowie die Kontrollvariablen Geschlecht und Betriebszugehörigkeit. Diese zwei Kontrollvariablen sind auf Grund der ad-hoc Annahmen in die Schätzung aufgenommen worden, dass Frauen weniger strategisch interagieren als Männer (Eckel/Grossman 1998) und somit eher intrinsisch motiviert sind. Außerdem ist zu vermuten, dass die Länge der Betriebszugehörigkeit einen Einfluss auf die intrinsische Motivation hat. Für Mitarbeiter, die noch nicht so lange bei Siemens beschäftigt sind, wird die neue Situation – und damit externe Faktoren – ein großes Gewicht haben, während Mitarbeiter, die eine mittlere Beschäftigungsdauer aufweisen, vermutlich eher intrinsisch motiviert sind. Für bereits sehr lange Beschäftigte hingegen ist die Aufgabe wieder zur Routine erstarrt und deswegen sind sie nicht mehr intrinsisch motiviert. In der Regressionsanalyse ist die Gruppe der Mitarbeiter, die zwischen einem und zehn Jahre bei Siemens beschäftigt sind als Referenzgröße gewählt worden. Die Betriebszugehörigkeiten bis zu einem Jahr und mehr als zehn

---

[32] Die Bildung von eigenständigen Dimensionen mit Hilfe von additiven Indizes führte nur zu unbefriedigenden Werten bei Cronbachs Alpha, weshalb hier mit den Faktorwerten gerechnet wird.

Jahre sind auf 0 gesetzt worden. Die Variable Geschlecht hat keinen signifikanten Einfluss auf die intrinsische Motivation. Allerdings hat die Dauer der Betriebszugehörigkeit (hier also ein bis zehn Jahre) einen Einfluss auf die intrinsische Motivation (Tab. 9).

	extrinsische Motivation	intrinsische Motivation	Unterstützung	Kooperation
Ganzheitlichkeit und Rückmeldung	,386**	-,231**	,133*	,048
Selbstständigkeit und Abwechslungsreichtum	-,212**	-,188**	,287**	,069
Bedeutung und Schulung	-,235**	,380**	,062	,270**

** Signifikant auf dem Niveau von 0,01.
* Signifikant auf dem Niveau von 0,05.

Tab. 8: Korrelation der Faktorwerte aller Dimensionen

Abhängige Variable:	Faktor intrinsische Motivation	
	Beta Koeffizient	Standardfehler
Konstante	(-,289)	,177
Geschlecht[x]	,005	,163
Dauer der Betriebszugehörigkeit[y]	,199**	,125
Ganzheitlichkeit und Rückmeldung	-,192**	,056
Selbstständigkeit und Abwechslungsreichtum	-,198**	,055
Bedeutung und Schulung	,335**	,057
R^2	,268	
Korrigiertes R^2	,252	
F	17,06**	
N	239	

** Signifikant auf dem Niveau von 0,01.
* Signifikant auf dem Niveau von 0,05.
[x] weiblich = 0; männlich = 1
[y] Betriebszugehörigkeit zwischen 1 und 10 Jahren = 1; Rest = 0

Tab. 9: Multiple lineare Regression: intrinsisch Motivation

Da die Dimension intrinsische Motivation nur indirekt operationalisiert wurde, soll der erwartete Zusammenhang auch noch einmal anhand der oben dargestellten Frage nach dem primären Anreiz zur Datenweitergabe geprüft werden. Zu diesem Zweck wird die Variable in intrinsische Motivation („Ich helfe gerne meinen Kollegen") versus alle anderen primären Anreize dichotomisiert. Eine Varianzanalyse mit den Dimensionen des Handlungsspielraums stützt die bisherigen Ergebnisse (Tab. 10). Bei den Dimensionen Selbstständigkeit sowie Bedeutung und Schulung ist der Mittelwert bei der intrinsischen Motivation höher als bei den anderen Anreizen. Allerdings ist der Zusammenhang bei der Dimension Selbstständigkeit nicht signifikant. Bei der Dimension Ganzheitlichkeit und Rückmeldung verhält es sich genau umgekehrt. Es tritt bei der Dimension Ganzheitlichkeit und Rückmeldung der gleiche Effekt auf, wie schon bei der indirekten Operationalisierung der intrinsischen Motivation.

	Ganzheitlichkeit + Rückmeldung	Selbstständigkeit + Abwechslungsreichtum	Bedeutung + Schulung
Alle anderen Anreize	,105 (,988)	-,072 (1,080)	-,119 (1,030)
Intrinsische Motivation	-,189 (,997)	,1553 (,805)	,267 (,866)
F	4,748*	2,805	8,418**

N = 245
Standardabweichungen in Klammern
** Signifikant auf dem Niveau von 0,01.
* Signifikant auf dem Niveau von 0,05.

Tab. 10: Varianzanalyse: Abhängigkeit des primären Anreiz intrinsische Motivation vom Handlungsspielraum

Die erste Hypothese kann also nur zum Teil bestätigt werden. Ein Zusammenhang zwischen den Dimensionen Selbstständigkeit und intrinsischer Motivation ist (bei der indirekten Operationalisierung über den Verdrängungseffekt) nicht vorhanden. Außerdem ist das Verhältnis zur Dimension Ganzheitlichkeit und Rückmeldung negativ. Die Dimension Bedeutung und Schulung entspricht aber der in der Hypothese formulierten Erwartung.

Für die zweite Hypothese ist der Zusammenhang zwischen den Kerndimensionen des Handlungsraums und dem kooperativen Handeln untersucht worden. Kooperation ist dabei zum einen als voraussetzungsfreie Unterstützung („Ich habe keine Probleme damit, Kollegen mit meinen Erfahrungen zu unterstützen") und den beiden allgemeinen Einschätzungen zur Kommunikation zwischen Mitarbeitern und der „Wissens"-Teilung („Kommunikation unter den Mitarbeitern ist für mich sehr wichtig"; „Mit Werkzeugen aus dem Wissensmanagement wird die Wissensteilung verbessert") sowie als strategisches Kalkül operationalisiert worden („Durch Werkzeuge aus dem Wissensmanagement wird sich die Zeit verringern, die ich für das Auffinden wichtiger Informationen benötige"). Eine Faktorenanalyse nach der Hauptkomponentenmethode erzeugte mit Varimax-Rotation zwei Hauptkomponenten (KMO-Wert, 62, erklärte Varianz 71,6%), wobei das erste Item die zweite Hauptkomponente („Unterstützung") bildete und die restlichen drei Items die erste Hauptkomponente (Nr. 2 - 4; max. Alpha ,590; Tab. 11). Die Korrelationen mit den Dimensionen des Handlungsspielraums wurden wieder mit den Faktorwerten gebildet und sind ebenfalls in der Tab. 8 enthalten. Der Faktorwert Kooperation korreliert positiv mit dem Faktorwert der Dimension Bedeutung und Schulung. Der Faktorwert der Unterstützung korreliert (leicht) positiv mit dem Faktorwert der Ganzheitlichkeit und Rückmeldung sowie etwas stärker positiv mit der Selbstständigkeit.

Die zweite Hypothese kann somit für alle Dimensionen des Handlungsspielraums bestätigt werden.

In diesem Fallbeispiel ist die dritte Hypothese leider nicht überprüfbar, da lediglich 13 Personen angaben, dass der soziale Status ein selektiver Anreiz für sie sei. Die Wahrnehmung der Nützlichkeit korreliert nicht mit dem intrinsisch motivierten kooperativen Handeln. Aber die wahrgenommene Nützlichkeit ist leicht negativ korreliert mit dem wahrgenommenen Kontrollaspekt der externen Intervention (p = -,225; Signifikanz ,000). Die dritte Hypothese muss demnach für dieses Fallbeispiel zurückgewiesen werden.

4.4   *Diskussion der empirischen Ergebnisse*

Die Hypothese eins kann nur mit Einschränkungen bestätigt werden. Hier korreliert die Dimension Ganzheitlichkeit und Rückmeldung entgegen der theoretischen Erwartungen. Der Grund dafür ist in der Operationalisierung der Dimension Rückmeldung zu suchen. Sie ist über die Items der Zielvereinbarungen und Feedback aus der Arbeit (Nr. 12 und 13) vorgenommen worden. Diese beiden Items sind von den Befragten aber als extrinsische Motivationsfaktoren wahrgenommen worden, die dann folgerichtig negativ mit der intrinsischen Motivation und positiv mit der extrinsischen Motivation korrelieren. Die Dimension Selbstständigkeit und Abwechslungsreichtum ist auch entgegen der Hypothese negativ mit dem Faktorwert der intrinsischen Dimension korreliert. Hier liegt der Grund in der Form der Operationalisierung der intrinsischen Dimension. Nur bei der indirekten Operationalisierung über den Verdrängungseffekt tritt der negative Zusammenhang auf, nicht bei er direkten Operationalisierung (Tab. 10). Die Selbstständigkeit der Arbeit verhält sich leicht negativ zum Verdrängungseffekt. Der Verdrängungseffekt sagt, dass die Kontrolle die intrinsische Motivation zerstört und diese Kontrollwahrnehmung hat auch negative Auswirkungen auf die Selbstständigkeit. Es existiert für die erste Hypothese aber ein Zusammenhang zwischen der Dimension Bedeutung der Arbeit und dem Auftreten der intrinsischen Motivation bei der Arbeit mit einer Datenbank. Auf Grund der angestellten Überlegungen können die Abweichungen von der Hypothese nicht als Zurückweisungen der Annahmen interpretiert werden. Im Gegenteil, die Abweichungen lassen sich mit den grundsätzlichen Überlegungen konsistent interpretieren, dennoch kann die erste Hypothese nur teilweise als bestätigt gelten.

Die Hypothese zwei kann für alle Dimensionen des Handlungsspielraums bestätigt werden. Ein großer Handlungsspielraum unterstützt kooperatives Handeln bei der Datenweitergabe und damit letztendlich bei der „Wissens"-Teilung. Diese Ergebnisse sind auch deshalb interessant, weil es sich bei dem Fallbeispiel um Personen handelt, die in einer Professionskultur sozialisiert wurden, die sich auf extrinsische Anreize stützt. Dennoch gibt nur ein kleiner Teil der Befragten an, dass sie ausschließlich durch extrinsische Anreize motiviert werden.

Variablen	Hauptkomponente 1: Kooperation	Hauptkomponente 2: Unterstützung
1. Ich habe keine Probleme damit, Kollegen mit meiner Erfahrung zu unterstützen	-2.41E-02	,948
2. Mit Werkzeugen aus dem Wissensmanagement wird die Wissensteilung verbessert	,842	-4,82E-03
3. Durch Werkzeuge aus dem Wissensmanagement wird sich die Zeit verringern, die ich für das Auffinden wichtiger Informationen brauche	,833	-3,05E-02
4. Kommunikation unter den Mitarbeitern ist für mich sehr wichtig	,604	,445
Eigenwerte und	1,837	1,029
max. Alpha	,60	,03

N = 267 KMO-Wert ,62

Extraktionsmethode: Hauptkomponentenanalyse

Rotation nach der Varimax-Methode mit Kaiser-Normalisierung

Tab. 11: Faktoranalyse über die Items zur Kooperation

4.5 Die interne Perspektive - Herausforderung Freiraum

von Andreas Manuth (Siemens/ICN)

Die in diesem Buch vertretene Fallstudie kommt – wie alle anderen – zu einer ersten positiven Zwischenbilanz von ICN/ICM ShareNet. Das deckt sich mit der internen Sicht. Dieser Beitrag beleuchtet einige in der Studie genannte Aspekte unter besonderer Berücksichtigung der erschwerten wirtschaftlichen Rahmenbedingungen.

Auf der Ebene des Austauschs des vorhandenen Wissens zwischen Mitarbeiter/-innen ist der Erfolg von ICN/ICM ShareNet nicht nur in den nachgewiesenen Umsatzsteigerungen und Kosteneinsparungen zu sehen. Siemens heute, das bedeutet: präsent in 190 Ländern, knapp 500.000 Mitarbeiter, davon 100.000 Ingenieure und 50.000 Forscher. Dieses Potenzial ist für die einzelnen Mitarbeiter/-innen selten erfahrbar. Als weltweites Netzwerk von Menschen, die täglich miteinander Wissen über Produkte, Systeme und Lösungen teilen, um immer bessere Angebote für unsere Kunden zu erreichen, macht ShareNet dieses „Global network of innovation" der Siemens AG individuell erfahrbar. ShareNet erleichtert selbst koordiniertes Handeln über Organisationsgrenzen hinweg und motiviert die Teilnehmer/-innen durch den zwischenmenschlichen Kontakt und die daraus resultierenden Erfolge zu weiteren Anstrengungen.

In solch einem Erfolgsfall sind wir auf individueller Ebene dem großen Ziel näher: Wissensteilen aus intrinsischer Motivation heraus und nicht weil damit extrinsische Belohnung in irgendeiner Form verbunden ist. Diese intrinsische Motivation kann, wie oben angedeutet, nur entstehen, wenn die positiven Auswirkungen der Teilnahme am unternehmensweiten Wissensmanagement individuell erfahren werden. Dazu muss jede/r Einzelne zunächst einmal investieren. Sei es, indem das eigene Unwissen durch Fragen Preis gegeben wird. Sei es durch den Zeitaufwand, einen Teil des eigenen Wissens in der Datenbank darzustellen und anderen zugänglich zu machen. So oder so ist ungewiss, ob eine Gegenleistung in Form von Wissen erfolgt. Ein extrinsisches Anreizsystem wie das von ICN/ICM ShareNet bietet dem gegenüber einen garantierten Gewinn, der durch den eventuellen Wissensgewinn noch weiter gesteigert werden kann. Mit Hilfe dieser Garantie wird die individuelle Trägheit überwunden. Darin liegt die Existenzberechtigung solcher Systeme.

Ohne Zweifel kommen so auch Beiträge zu Stande, bei denen es die Wissensgeber/-innen nur auf den Anreiz und nicht auf den Wissensaustausch abgesehen haben. Doch auch dieses Wissen steht dadurch zur Wiederverwendung bereit und verstaubt nicht an Orten, an denen es nicht einmal zugänglich ist. Wird es von anderen genutzt und schafft Wert, ist aus Sicht des Unternehmenserfolges die Motivation der Wissensgebenden schon irrelevant. Entsteht aus der Anwendung auch noch Feedback an die Wissensgeber/-innen, so kann dies die positive Erfahrung sein, die zu intrinsischer Motivation führt und die extrinsische zurücktreten lässt.

Ob Zielvereinbarungen wirklich intrinsische Motivation fördern, ist zweifelhaft. Schließlich sind auch sie nur ein Mittel, um Gewinn in Form von Geld oder Karriere sicherzustellen bzw. (im Fall der Nichterfüllung) mit deren Ausbleiben zu bestrafen. Sie sind also nur ein mittelbares extrinsisches Anreizsystem. Da Zielvereinbarungen in der Regel jährlich geschlossen und selten öfter als halbjährlich überprüft werden, ist bei diesem Anreiz die Rückkopplung zwischen erwünschtem Verhalten und Belohnung schwach. Noch dazu tritt sie gemeinsam mit anderen Themen der Zielvereinbarungen auf, d.h. in der subjektiven Wahrnehmung ist die Belohnung eventuell an andere Themen gekoppelt und der Zusammenhang zum Wissensmanagement geht verloren. Weiter kommt erschwerend hinzu, dass die konsequente Umsetzung geeigneter (Wissens-) Zielvereinbarungen in einer global verteilten Organisation schwer zu erreichen ist.

Die einzig nachhaltige intrinsische Motivation schafft die positive Erfahrung. Diese Erfahrung kann aus virtueller Zusammenarbeit entstehen. Zuverlässiger und nachhaltiger entsteht sie aber immer noch, wenn Menschen sich von Angesicht zu Angesicht treffen. Sei es, dass sich ein Projektteam trifft, um an einem eng umgrenzten Thema zu arbeiten. Sei es, dass sich lokal die aktiven Wissensarbeiter/-innen treffen, um ihre Erfahrungen auszutauschen. Das physische Zusammentreffen kostet zwar mehr Aufwand, aber das Beisammensein ermöglicht den Austausch auf allen zwischenmenschlichen Kommunikationskanälen und zu vielen Themen. Insbesondere auch solchen, die nicht auf der Agenda stehen. Diese Bandbreite ermöglicht die Identifikation mit der Gruppe, bringt persönliche Verbundenheit und impliziert dadurch zusätzliche Motivation. Leider währt diese im Allgemeinen nicht lange. Solche Erfahrungen müssen wiederholt werden, damit sie ihre Wirkung behalten. Wer meint, auf Dauer ohne sie auszukommen, meint ohne echte Zusammenarbeit auskommen zu können und wird damit auch nie ihre wertvollsten Früchte ernten können.

Gerade in wirtschaftlich schlechten Zeiten geht es aber darum, aus dem Vorhandenen den maximalen Nutzen zu ziehen. Die Effizienz z.B. mit Kosteneinsparungen durch virtuelle Kooperation ist dabei nur die eine Seite der Kalkulation. Auf der anderen muss immer auch die Effektivität betrachtet werden. Mit anderen Worten: eine billige Lösung kann im Nachhinein teuer zu stehen kommen, weil sie nicht gut genug ist. Bei komplexen Problemen lohnt sich immer in die Suche nach einer möglichst effektiven Lösung zu investieren. Diese zu finden ist die Kunst, die den Wettbewerbsvorteil verspricht. Ihre effiziente Umsetzung ist Handwerk, das auch die Konkurrenz beherrscht.

Worauf sich die knappen Ressourcen konzentrieren? Diese Frage muss auch im Wissensmanagement gestellt werden. Und sie muss im vollen Bewusstsein gestellt werden, dass es durchaus notwendig sein kann dort mehr Ressourcen einzusetzen, als unter den gegebenen Rahmenbedingungen angemessen scheint. Das kann nicht im Elfenbeinturm ergründet werden, sondern es kommt auf die strategische Fokussierung und Koordinierung von wissensrelevanten Managementaufgaben an. Bei Siemens ist hierfür der Knowledge Strategy Process (KSP) im Einsatz. Die Methodik wurde im Kern von der holländischen Wissensmanagement-Beratungsfirma CIBIT (Utrecht) entwickelt, von Siemens lizenziert, gemeinsam angepasst und weiterentwickelt[33].

Durch die Top-Down-Ableitung der Wissensstrategie aus der Geschäftsstrategie führt dieser Prozess systematisch zu fokussierten, von der Leitung getragenen und zwischen allen Querschnittsfunktionen koordinierten Managementaktionen, die das Wissen der Organisation zur Erreichung ihrer Ziele weiterentwickeln. Die Wissensstrategie beinhaltet:

- Das Kompetenzmanagement der Personalentwicklung als eine wichtige Teil- und Vertiefungsfunktion.

- Die Wissensdiffusion in Wissensnetzwerken auch verstärkt als eine Management-Herausforderung.

- Die Kodifizierung von Wissen in Dokumenten, Prozessen und Systemen.

Mit diesem Prozess existiert ein bewährtes Instrument, um zu bestimmen, wo eine Organisation sich den Aufwand leisten sollte, die effektivste Lösung zu finden.

Abseits dessen wächst in schlechten Zeiten auf jede/-n Mitarbeiter/-in der Druck, sich auf die ‚eigentliche‘, tägliche Arbeit zu konzentrieren ohne nach rechts oder links zu schauen. Dadurch gehen Freiräume verloren, um über den eigenen Tellerrand hinaus zu schauen. Diese Freiräume sind notwendig, um kreativ zu sein. Bahnbrechende Innovationen werden erschwert.

Wie können solche Freiräume auch unter harten wirtschaftlichen Einschränkungen bereitgestellt werden? Das ist die zentrale Frage, wenn es um das Schaffen neuen Wissens mit strategischer Wirkung geht. Leider muss die Antwort hier ausbleiben, denn auch das Wissensmanagement in den Unternehmen ist von Personalabbau und Kosteneinsparungen betroffen. Es muss sich größtenteils darauf konzentrieren, zu retten was zu retten ist und mit größtmöglichem Nutzen das anzuwenden, was schon

---

[33] Vgl. Hofer-Alfeis, Josef, Van der Spek, Rob: „The Knowledge Strategy Process – an instrument for business owners" in Thomas H. Davenport, Gilbert J. B. Probst (Hrsg.): "The Siemens Knowledge Management Case Book, 2nd edition", Publicis Corporate Publishing und John Wiley & Sons, 2002

geschaffen wurde. Begrüßenswert wäre es, wenn die Wissenschaft an diesem Punkt vom Beschreiben des Vorhandenen zu weiterführenden Entwürfen kommen könnte. Diese könnten dann hoffentlich dem Test im realen Unternehmen unterworfen werden und der nächsten Phase von Wissensmanagement Bahn brechen.

Kurzbiographie:

Andreas Manuth ist im strategischen Wissensmanagement des Bereiches ICN der Siemens AG tätig. Er ist für die Strategie und Weiterentwicklung der Initiative ShareNet verantwortlich. Davor war er im Rahmen von ShareNet zwei Jahre lang für Südostasien, Teile Mitteleuropas und das Wissens-Controlling zuständig. Als Diplom-Informatiker sammelte er fünf Jahre Erfahrung als Vertriebsingenieur bei inter-/nationalen und regionalen Telekommunikationsanbietern. Er spricht regelmäßig auf internationalen Konferenzen über Wissens- und Veränderungsmanagement.
Siemens AG
Information and Communication Networks
Group Strategy - Knowledge Management
ICN GS KM
Hofmannstrasse 51
81359 München
Germany
Building: 1756, Room: 2269
Tel: +49 89 722 31533
Fax: +49 89 722 61744
Mobile: +49 172 8262216
E-mail: andreas.manuth@siemens.com

5   Fallbeispiel II :Deutsche Bahn AG[34]

5.1   Aufbau der Deutschen Bahn AG

Die Deutsche Bahn AG (DB) ist nach Segmenten organisiert, die sich aus den von den Unternehmensbereichen erbrachten Dienstleistungen ergeben (März 2000). Die Geschäftstätigkeit des DB Konzerns gliedert sich danach in fünf Unternehmensbereiche, deren Aktivitäten nachfolgend kurz skizziert werden (vgl. Abb. 16).

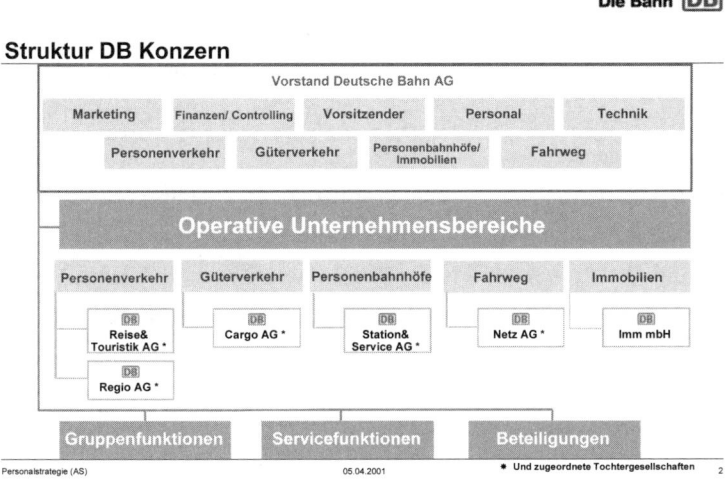

Abb. 16: Struktur des DB Konzerns[35]

Personenverkehr: Im Unternehmensbereich Personenverkehr werden in zwei Geschäftsfeldern mit den Führungsgesellschaften DB Reise&Touristik AG und DB Regio AG, als jeweils 100%ige Tochtergesellschaften der DB AG, die Transport- und Serviceleistungen im Personenverkehr sowie die touristischen Angebote des Kon-

---

[34]   *Ansprechpartner*: Dagmar Hövelmanns, Ralf Skrzipietz (Konzernbetriebsrat), Heinrich Vogelsang (Vorsitzender Betriebsrat Minden) und Jan Popendieck (Technikzentrum der Bahn in München, jetzt DB Systemtechnik) *Untersuchungsgegenstand: DaRT Art der Datenbank*: Technische Datenbank

[35]   Alle Abbildungen in diesem Kapitel sind dem Geschäftsbericht der Deutschen Bahn AG 2000 entnommen: www.bahn.de/konzern/holding/geschaeftsbericht2000/die_bahn_geschaeft.sthm

zerns geführt. Im Geschäftsfeld DB Reise&Touristik werden Beförderungsleistungen im Reiseverkehr (Schienenfernverkehr) erbracht. Touristische Aktivitäten und ergänzende Dienstleistungen sind bei deren Tochtergesellschaften angesiedelt. Im Geschäftsfeld DB Regio wird ein umfassendes Angebot von Verkehrsdienstleistungen im Nah-/Regionalverkehr (i.d.R. Entfernungen bis 50 km bzw. Reisezeiten bis zu einer Stunde) erbracht. Die DB Regio AG ist auf den entsprechenden Schienenverkehr ausgerichtet, die ihr zugeordneten Tochtergesellschaften sind im Bereich des Schienen- und Busverkehrs oder in ergänzenden Dienstleistungen tätig. Mit der im Unternehmensbereich Personenverkehr erbrachten Verkehrsleistung ist der DB Konzern das im Personenverkehr führende europäische Eisenbahnverkehrsunternehmen.

Güterverkehr: Der Unternehmensbereich Güterverkehr umfasste im Berichtsjahr die Führungsgesellschaft DB Cargo AG als 100%ige Tochtergesellschaft sowie die der DB Cargo AG zugeordneten Tochtergesellschaften. Auf Grund des zum 1. Januar 2000 in Kraft getretenen Joint Ventures mit der niederländischen Eisenbahngesellschaft Nederlandse Spoorwegen wird die Rolle der Führungsgesellschaft zukünftig von der Railion GmbH wahrgenommen, an der die DB mit 94% und NS Groep N.V. mit 6% beteiligt sind. Der Leistungsumfang des Unternehmensbereichs umfasst den nationalen wie internationalen Schienengüterverkehr sowie ergänzende logistische Dienstleistungen. Gemessen an der Verkehrsleistung hat der Unternehmensbereich Güterverkehr in Europa eine führende Position.

Personenbahnhöfe: Dieser Unternehmensbereich umfasst den Betrieb der Personenbahnhöfe als Verkehrsstationen sowie die optimale Vermarktung der Standorte zu Gunsten aller Bahnhofsnutzer. Die entsprechenden Leistungen werden im Wesentlichen von der Führungsgesellschaft DB Station&Service AG, einer 100%igen Tochtergesellschaft der DB, erbracht.

Fahrweg: Der Unternehmensbereich Fahrweg mit der Führungsgesellschaft DB Netz AG, einer 100%igen Tochtergesellschaft der DB AG, ist für die Eisenbahninfrastruktur, d.h. speziell die Fahrwege und die Umschlagbahnhöfe, verantwortlich.

Immobilien: Die mit dem umfangreichen Immobilienbesitz des DB Konzerns verbundenen Aufgaben werden im neu eingerichteten Unternehmensbereich Immobilien gebündelt. Die DB Immobiliengesellschaft mbH, eine 100%ige Tochtergesellschaft der DB AG, bündelt Kompetenzen und übernimmt die Bewirtschaftung, Vermarktung und Projektentwicklung für das nicht den operativen Konzernsparten zugeordnete Immobilienvermögen des DB Konzerns.

Das Unternehmen hat 2000 einen Umsatz von ca. 30 Mrd. DM gemacht und beschäftigte zu diesem Zeitpunkt ca. 222.000 Mitarbeiter (vgl. Abb. 17).

Die Bahn [DB]

Eckdaten Bahnkonzern

~ 30 Mrd.	DM Umsatz pro Jahr
~ 15 Mrd.	DM Investitionen pro Jahr
~ 38 Tsd.	Züge pro Tag
~ 4.38 Mio	Personen in Zügen pro Tag
~ 1 Mio	Tonnen Fracht in Zügen pro Tag
~ 65 Mrd.	Personen x Kilometer pro Jahr
~ 73 Mrd.	Tonnen x Kilometer pro Jahr
~ 38 Tsd.	Kilometer Gleise
~ 222 Tsd.	Mitarbeiter konzernweit

Personalstrategie (AS)   05.04.2001   3

Abb. 17: Eckdaten des Bahnkonzerns

5.2   DaRT- Datenbank für Reisezugwagen und Triebfahrzeuge

Die Datenbank für Reisezugwagen und Triebfahrzeuge – DaRT – ist die zentrale Informationsquelle über die Schienenfahrzeuge des Personenverkehrs der DB AG. Dort ist der gesamte Bestand der Fahrzeuge (ca. 250.000) abgelegt. Zu jedem Fahrzeug werden Informationen über seine Beheimatung, seine technische Ausstattung sowie seine betriebliche Verwendbarkeit vorgehalten. Durch zusätzliche Anwendungen können individuelle Auswertungen über den Fahrzeugbestand erfolgen sowie die Planung und Überwachung von Instandhaltungsmaßnahmen und Sonderarbeiten. Über eine Reihe von Schnittstellen liefert DaRT Fahrzeugdaten an weitere Systeme, die diese Informationen für verschiedene Planungs-, Durchführungs- oder Controllingaufgaben benötigen. Die Datenbank wurde 1995/96 eingeführt. Die eigentliche Nutzung von DaRT erfolgt seit der Vernetzung und der Ausbildung der Mitarbeiter

im März 1999. Die Nutzer des Systems sind die Fahrzeughalter der Geschäftsbereiche Fernverkehr, Nahverkehr und die Triebfahrzeuge von DB Cargo. Angeschlossen
sind die Werke und einige zentrale Stellen im Controlling. 1996 waren etwa 150 Nutzer (Arbeitsplätze) angeschlossen, 2000 betrug die Zahl schon etwa 350.

Das System wurde von einem Team entwickelt, das aus Mitarbeitern der DB AG und
der Firma sd&m bestand. Die erste Version von DaRT wurde im September 1996
gestartet, seitdem gab es mehrere Erweiterungen, die den Funktionsumfang sukzessi-
ve vergrößerten. Bei der hier betrachteten Version handelt es sich zunächst um die
Modellvariante 7 (März 2001). Für die Technik der Datenbank ist die (100%ige)
Bahntochter TLC zuständig.

DaRT soll dabei für den Geschäftsbereich (GB) Reise&Touristik die folgenden Aufgaben erfüllen:

DaRT ist die EDV-Anwendung zur Verwaltung des Fahrzeugbestandes des GB Rei-
se&Touristik. Es ist ein Client-Server-System, bei dem die Nutzer über vernetzte PCs
auf die Datenbestände des zentralen Servers zugreifen. Die Anwendung ist verbind-
lich für die Bestandsführung der Fahrzeuge des GB. Dabei sind die Fahrzeughalter in
den Niederlassungen in Zusammenarbeit mit den Forschungs- und Technologieberei-
chen 12 und 16 für die Richtigkeit und Aktualität des Datenbestandes verantwortlich.
Zu jedem Fahrzeug werden technische und betriebliche Daten gespeichert, und diese
sind bei Veränderungen zu aktualisieren. Diese Daten werden als Fahrzeug-
Merkmale oder Fahrzeug-Ausstattung bezeichnet. Die dazugehörigen Wertetabellen
sind als Schlüsselverzeichnisse bzw. Komponenten von den Fachdiensten zu pflegen.
Spezielle Dialoge ermöglichen die Pflege und Auswertung der Informationen. Über
die Benutzerberechtigung werden der Zugriff auf die Dialoge und die Schreibrechte
gesteuert. DaRT unterstützt die Instandhaltungs-Planung für Reisezugwagen auf der
Basis der letzten Untersuchung, der aktuellen Laufleistungen der Wagen und der geltenden Instandhaltungspläne. Durchgeführte Arbeiten werden in der Instandhaltungs-
Historie abgelegt, in der auch alle verkauften und verschrotteten Fahrzeuge aufge-

führt sind. Die täglichen Laufleistungen der Reisezugwagen werden dabei über eine Schnittstelle aus dem Verfahren PC_DISPO übernommen.

5.3 Funktionen und Funktionsnutzung der Datenbank

Der Einstieg in DaRT erfolgt über das bku Netz, das allgemeine Intranet der Deutschen Bahn, und eine Benutzeranmeldung (vgl. Abb. 18). DaRT verfügt über die nachfolgend kurz beschriebenen Funktionen. Das Hauptmenü bietet die Arbeitsmöglichkeiten im System DaRT an, wobei einige Leistungen nur für berechtigte Nutzer zugänglich sind. Sie können jederzeit von den einzelnen Funktionen des Systems ins Hauptmenü zurückkehren und eine zweite Leistung starten, um z.b. zwei Fahrzeuge gleichzeitig zu bearbeiten.

Fahrzeuge: Die Funktion verwaltet den Fahrzeugbestand mit Beheimatung, Fahrzeugmerkmalen und Fahrzeugausstattung. Zu diesem Komplex gehört auch die Auswertung der DaRT- Datenbank.

Bauart: Die Bauarten mit ihren Varianten (anlegen, ändern, löschen) werden hier durch dazu berechtigte Nutzer verwaltet. Die anderen DaRT- Nutzer können den aktuellen Stand nur nachlesen.

Baureihe: Diese Funktion ermöglicht die Verwaltung von Baureihen mit ihren Serien durch dazu berechtigte Nutzer.

Komponenten: Komponenten, Merkmale von zugehörigen Bauarten oder Varianten, und deren Varianten werden mit dieser Funktion verwaltet. Nur die Administratoren haben das Recht zum Anlegen und Pflegen von Komponenten, die anderen Nutzer können den aktuellen Stand einsehen.

Instandhaltung: Hier werden die einzelnen Komponenten und deren Varianten durch dazu berechtigte Nutzer verwaltet und es wird festgelegt, in welcher Abfolge welche Instandhaltungsmaßnahmen durchzuführen sind.

Wechsel BaBr: Diese Funktion ermöglicht einen Wechsel der Bearbeitung von Bauarten zu Baureihen (BaBr) und umgekehrt. Sie ist nur für Nutzer zugänglich, die sowohl mit Bauarten als auch mit Baureihen arbeiten.

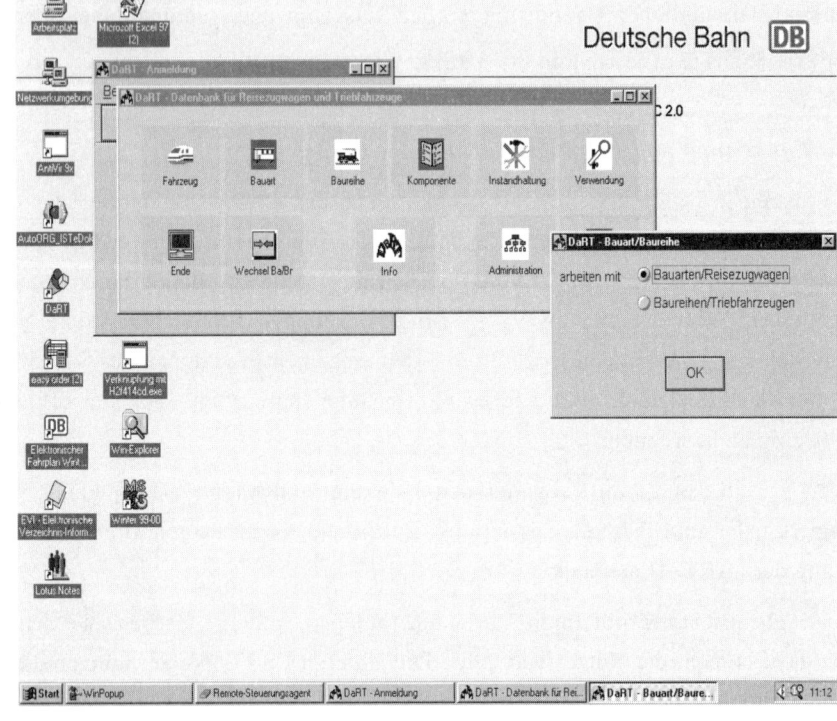

Abb. 18: Einstiegsmaske

Administration: In dem Bereich finden sich Funktionen für die DaRT-Administration (Pflege, Schlüsselverzeichnisse, Verwaltung von Berechtigungen und Nutzern usw.). Diese stehen nur der DaRT-Administration zur Verfügung, die anderen Nutzer haben keinen Zugriff.

Ende: Die Abschluss-Funktion der DaRT-Nutzung ermöglicht das Verlassen des Systems.

Neben diesen Funktionen werden in der Datenbank auch Funktionsblöcke definiert, wie die Bestandsführung, Beheimatung etc, deren wesentliche Charakterisitika nun ebenfalls beschrieben werden.. In der *Bestandsführung* werden die Zu- und Abgänge von Fahrzeugen festgehalten (Neubau, Umbau, Umzeichnung, Ausmusterung). Hierbei handelt es sich jeweils um einen zweistufigen Prozess. Befindet sich ein Fahrzeug im Umlauf (Neubau, Umbau, Ausmusterung), dann wird es in DaRT zunächst vorangemeldet. Erst wenn danach eine Abnahme erfolgt ist, wird das Fahrzeug in DaRT als aktiv registriert und steht dann z.b. den Dispositionssystemen für Einsätze zur Verfügung. Ähnlich verhält es sich bei einer Ausmusterung.

Zu jedem Fahrzeug in DaRT wird seine *Beheimatung* registriert. Dabei werden der Geschäftsbereich des Halters, der Regionalbereich und die Niederlassung bzw. Zweigniederlassung vermerkt, die für den Einsatz und den Zustand des Fahrzeugs verantwortlich sind. Außerdem sind auch die Heimatwerke vom Typ A, B und C sowie bei Triebfahrzeugen die jeweilige Einsatzstellen angegeben. In DaRT werden zu jedem Fahrzeug ca. 200-250 technische und betriebliche *Merkmale* vorgehalten. Diese Merkmale werden zunächst auf Ebene der Baureihen und Bauarten verwaltet. Dabei wird angegeben, welche Werte die einzelnen Merkmale (Gewicht, Länge über Puffer, Anzahl der Sitzplätze usw.) der Fahrzeuge einer Bauartvariante bzw. Baureihenserie üblicherweise haben. Zusätzlich zu diesen festen Merkmalen gibt es noch variable Attribute in Form von pflegbaren *Komponenten*, die den Bauarten bzw. Baureihen und Fahrzeugen zugeordnet werden können. Beim Voranmelden eines Fahrzeuges werden die Werte der Merkmale und Komponenten von der zugehörigen Bauartvariante bzw. Baureihenserie auf das Fahrzeug kopiert. Weicht ein Fahrzeug in einzelnen dieser Merkmale von seiner Bauartvariante bzw. Baureihenserie ab, dann können diese Merkmale jederzeit verändert werden. So wird der individuelle Zustand jedes einzelnen Fahrzeugs in DaRT genau dargestellt. Mit der *Fahrzeugauskunft* werden bei den Benutzern flexible Abfragen über den Fahrzeugstand ermöglicht. Diese Abfragen werden von dem Benutzer durch die Zusammenstellung der verschiedenen Auswahlkriterien zu den Fahrzeugattributen formuliert und zusätzlich wird bestimmt, welche Informationen zu den dann gefundenen Fahrzeugen angezeigt werden sollen. Kenntnisse über die interne Struktur der Datenbank sind dabei nicht notwendig, es wird nur mit den auch sonst im System auftretenden fachlichen Begriffen gearbeitet. Die Ergebnisse einer Abfrage können zur *lokalen Weiterverarbeitung* (mit Excel, Winword usw.) auf den PC des Benutzers transferiert werden. Ein zweistufiges *Berechtigungskonzept* erlaubt es, den Zugang einzelner Benutzer und Benutzergruppen sowohl zu Funktionen (zunächst auf Ebene der Dialoge), als auch zu Daten (insbesondere zu den Fahrzeugen) zu steuern. Damit wird sichergestellt, dass z.B. Fahrzeugzu- und -abgänge nur von einem ausgewählten Benutzerkreis durchgeführt werden können. Auch kann nicht jeder Benutzer die Merkmale aller Fahrzeuge ändern, wenn er denn die Berechtigung für den entsprechenden Dialog hat, sondern nur bei denen, die ihm über die Beheimatung organisatorisch zugeteilt sind. Die DaRT-Projektleitung in Frankfurt am Main verwaltet die Nutzer, deren Berechtigungen und die Kennworte. Die Berechtigungen werden von der DaRT-Betreibergruppe definiert. Die persönlichen Kennworte sind nur der Projektleitung und dem jeweiligen Nutzer bekannt.

Für jeden Nutzer ist im System festgelegt: ob er nur mit Reisezugwagen (Bauarten), nur mit Tfz/Tz (Baureihen) oder sowohl mit Bauarten als auch mit Baureihen arbeiten kann; welche Dialoge (Programmfunktionen) er benutzen darf und ob er dabei Schreibrechte hat sowie für welchen Fahrzeugpark diese Rechte gelten.

Ein Grundsatz von DaRT ist „Lesen darf jeder", sofern er einen Dialog benutzen kann. Damit kann jeder DaRT-Nutzer die Informationen aller Fahrzeuge lesen. Eine Nutzergruppe mit besonderen Rechten und System-Verantwortung sind die Administratoren. Für die Pflege der Fahrzeug-Merkmale und Fahrzeug-Ausstattung haben die Mitarbeiter der Werke schreibenden Zugriff auf die Fahrzeuge.

Bei der Instandhaltungsplanung werden für die verschiedenen Fahrzeugklassen Instandhaltungspläne definiert (vgl. Abb. 19 und Abb. 20). Es wird festgelegt, in welcher Abfolge welche Instandhaltungsmaßnahmen durchzuführen sind. Die Abstände zwischen den Instandhaltungen sind dabei zeit- oder kilometerabhängig, auch eine Kombination aus beidem ist möglich. Für jedes Fahrzeug werden dann auf Grund der zugeordneten Instandhaltungspläne die nächsten Instandhaltungstermine vorausberechnet. Grundlage dafür ist eine Verfolgung der von einem Fahrzeug monatlich gefahrenen Laufkilometer (oder Streckenkilometer), die vorerst über eine Schnittstelle aus den *lokalen Dispositionssystemen PC_DISPO* importiert werden. DaRT benötigt für die Instandhaltungsplanung der Reisezugwagen die tägliche Laufleistung aller Reisezugwagen des Nah- und Fernverkehrs. PC_DISPO ist das Programm zur Verwaltung des lokalen Reisezugwagenparks. In PC_DISPO wird von jedem Wagen zu jedem Tag der Einsatz gespeichert. Zu jedem Umlauf ist die tägliche durchschnittliche Laufleistung zu pflegen. Aus dem Einsatz der Wagen und den Umlaufangaben ermittelt PC_DISPO die tägliche Laufleistung der Reisezugwagen und ist damit Datenquelle für die Leistungswerte der Reisezugwagen in DaRT. Die von DaRT vorausberechneten Instandhaltungstermine müssen dann zwischen dem Fahrzeughalter und den Werken im Detail abgestimmt werden, das Ergebnis wird wieder in DaRT abgelegt.

DaRT - anstehende Fahrzeug-Instandhaltungen [verwalten]   (Ba-Ih 5.1)

Ez-Instandhaltungen   Wechsel   ?

| Ändern | Bestätigen | Neuplanen | SoArb | WerkEin | Werte | Datei | Ende | Hilfe |

AG F RB/GmbH   NL/ZNL/Betr.hof   Heimatbhf /Einsatzst.

Anzahl 179   letzte Instandhaltung   nächste Instandhaltung

185

Z	Bearb.	Ba	Fahrzeug	Insth-Stufe	Datum	Tkm	Werk	Insth-Stufe	fällig am	spätestens	Vorschlag Werk	geplant Halter
V		185	21-94 028	700	03.03.2000	314	519082	700	25.07.2003	18.01.2004		
V		185	21-94 029	700	21.08.2000	170	519082	700	01.12.2003	17.05.2004		
P	Werk	185	21-94 030	700	02.12.1997	1 180	519082	700	17.10.2000	10.04.2001	05.04.2001	
V		185	21-94 031	700	16.11.1999	322	519082	700	01.06.2003	13.11.2003		
V		185	21-94 032	700	21.08.1999	474	519082	700	12.02.2003	12.08.2003		
V		185	21-94 033	700	24.11.1999	377	519082	700	11.10.2003	06.05.2004		
V		185	21-94 034	700	09.03.2000	274	519082	700	15.04.2004	18.11.2004		
V		185	21-94 035	700	28.07.2000	257	519082	700	20.04.2003	08.09.2003		
V		185	21-94 036	700	19.01.2001	61	519082	783	30.11.2003	26.04.2004		
V		185	21-94 037	700	26.03.1999	99	519082	700	04.09.2003	22.01.2004		
V		185	21-94 038	700	28.10.1997	857	519082	700	27.09.2001	11.02.2002		
B	Werk	185	21-94 039	700	17.08.1999	1 205	519082	700	03.11.2000	13.03.2001	17.04.2001	15.04.2001

Suchen

Es gibt noch mehr Daten anzuzeigen   Baldsch   26.03.01 12:23

Abb. 19: Beispiele für die Verwaltung und Instandhaltung

In den Dialogen zum Werkein- und -ausgang wird in DaRT festgehalten, wann ein Fahrzeug aus welchem Grund (Instandhaltungsmaßnahme, Schaden etc.) in welches Werk kommt. Dem Fahrzeughalter wird hier auch ein voraussichtlicher Termin für die Fertigstellung des Fahrzeuges genannt. Beim Werkausgang werden die ausgeführten Arbeiten erfasst bis 14 Tagen nach Werkausgang möglich, danach ist eine Eingabe nur noch durch die Administratoren möglich). Die Pflegetermine von DaRT werden jedoch in den Werken nicht immer eingehalten. Es ist die Aufgabe der Mitarbeiter der Werke C (Instandhaltungswerke), zum Werkausgang die an den Fahrzeugen durchgeführten Veränderungen der technischen und betrieblichen gen durchgeführten Veränderungen der technischen und betrieblichen Angaben sowie die durchgeführte Instandhaltungsstufe in DaRT einzutragen. Dazu gehören:

- Aktualisierung aller veränderten technischen und betrieblichen Daten,

- Eintragung der ausgeführten Instandhaltungsstufen für Reisezugwagen,

- Zugang und Abgang durch Umbau, Umzeichnung von Fahrzeugen.

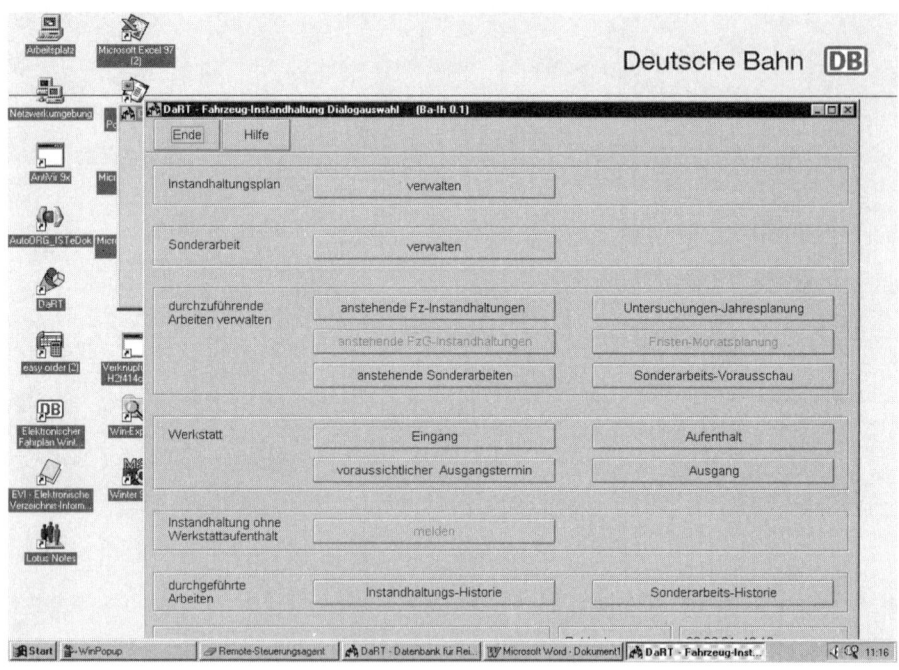

Abb. 20: Datenmaske Instandhaltung

Mit diesen Informationen lässt sich zu jedem Fahrzeug eine *Instandhaltungshistorie* erstellen. Hierzu gibt es Auswertungsdialoge, die ähnlich wie die Fahrzeugauskunft zu den Merkmalen bedient werden können, eine lokale Weiterverarbeitung der Daten ist dann ebenfalls möglich. Ein weiterer Funktionsblock befasst sich mit den Sonderarbeiten. In DaRT werden diese erfasst und es wird festgelegt, an welchen Fahrzeugen sie durchgeführt werden sollen. Da die Erledigung einer Sonderarbeit im Rahmen des Werksausgangs festgehalten wird, bietet DaRT jederzeit einen Überblick, welche Fahrzeuge eine bestimmte Sonderarbeit bereits erhalten haben.

5.4 Die Weiterentwicklungen bei DaRT

In DaRT werden für den Produktionsablauf der Fahrzeuge wichtige Daten eingegeben, wie dargestellt, ohne deren Hilfe der eigentliche Betrieb nicht (oder nicht vollständig) ausgeführt werden kann. Obwohl die Datenbank für die eigentliche Tätigkeit notwendig ist, und die Datenbankpflege zur Arbeitsroutine gehört und für weitere Arbeitsschritte notwendig ist, zeigte sich schon bei den ersten Gesprächen im Unternehmen, dass es dennoch Probleme gibt.

Das System wurde, wie bereits erwähnt, 1998 implementiert und bis März 2002 (Version 7), mehrfach modernisiert. Die Anfangsprobleme bei DaRT lagen vor allem in der Nichteinbeziehung relevanter Akteure und in der fehlenden Akzeptanz, woraus die mangelnde Pflege des Systems resultierten. Weniger die technische Funktionalität als vielmehr fehlende Verantwortung und fehlende Personalentwicklungsmaßnahmen führten dazu, dass DaRT zeitweise nicht entsprechend der Anwendungsidee genutzt wurde. Dies gilt besonders für fehlende Prioritätenlisten, die vorgeben, welche Felder (Module) zwingend ausgefüllt werden müssen. Da die in DaRT enthaltenen Grunddaten aber zwingend notwendig sind für die Einführung des EDV Systems PPSFR (Planung-Personenwagen-Service-Fernverkehr-Regio), das im August 2001 starten sollte, bestand akuter Handlungsbedarf. Die Schätzungen des Datenbestandes, der aktuell und richtig eingegeben ist, für den Bereich Regio bei einem hohen Pflegezustand, für den Bereich Reise&Touristik aber nur bei einem mittleren Pflegezustand. Von Seiten des Projekts wurde angemerkt (März 2001), dass auch eine Schulung von Mitarbeitern auf DaRT nicht zum Erfolg führen wird. Die durchgeführten Schulungen waren nach den Berichten der Teilnehmer nicht ausreichend, und führten tatsächlich zu einer Mehrarbeit bei den Administratoren, da die Mitarbeiter allein durch die Schulungen nicht in die Lage versetzt wurden, das anspruchvolle System zu beherrschen. Hier wurde angeregt, geeignete Feedback-Bögen für die Schulungen zu entwickeln. Der zentrale Fehler lag aber darin begründet, dass bis Ende 2000 keine genauen Anweisungen an die Werke gingen, die Daten zu pflegen. Hier fehlte eine klare Zuständigkeit, was außer den betriebstechnisch vorgegebenen Daten noch zu pflegen ist. So konnte die Eingabe der Daten nicht in die Arbeitsroutine der Instandhalter eingehen. Für sie war die Notwendigkeit der Dateneingabe nicht einsichtig gemacht worden. Die eingesetzten Betreibergruppen aus Administratoren, Werken, Lokleuten und Mitarbeitern der Zentrale, die sich ca. alle drei Monate treffen, sollte eine Verbesserung der Akzeptanz der Datenbank schaffen. Durch ein diskussionsunfreudiges Klima wurde jedoch das Gegenteil erreicht. Unliebsame Mitarbeiter sind z.T. von den Leitungen zu neuen Treffen nicht eingeladen worden. Entscheider wissen häufig nicht, was wie benutzt wird. Die Unzufriedenheit führte bei einigen Mitarbeitern dazu, ein eigenes System einzurichten, das „illegal" betrieben wurde. Ein weiteres Problem ist, dass sich die Personalführung vor Ort vor konsequentem Handeln scheut. Hinzu kommt, dass zu wenig Geld zur Verfügung steht, um DaRT weiterzuentwickeln. Verbesserungswünsche wurden benannt. Auf technischer Seite lagen diese im Bereich der Benutzerfreundlichkeit und bei der Weiterverarbeitung der Daten. Für die Arbeit wäre außerdem hilfreich, wenn die Wagenkarten ausgedruckt werden könnten.

In der zweiten Phase der Untersuchungen bei der Bahn wurde die Weiterentwicklung von DaRT sowie die Einführung eines umfassenden Wissensmanagements analysiert. Zu diesem Zweck sollte auch bei der Bahn eine umfassende Online-Befragung der DaRT-Nutzer durchgeführt werden. Hier gab es zunächst das technische Problem, dass viele DaRT-Nutzer nicht auf das Internet zugreifen können und deshalb der Datenbogen nicht über das Internet auf einem gesicherten Server verlinkt werden konnte. Nach Überwindung verschiedener weiterer Hindernisse war es dann aber gelungen, den Fragebogen intern auf Bahnservern abzulegen. Allerdings wurde nach Erfahrungen mit einer intern durchgeführten Mitarbeiterbefragung, die hinsichtlich der Beteiligung, des Datenschutzes und der Ergebnisse nicht so verlief, wie es sich die Geschäftsführung gewünscht hätte, nach langen Verhandlungen unsere eigene Befragung nicht mehr genehmigt. Auch der Einfluss unserer Ansprechpartner auf Betriebsratsseite führte zu keinem anderen Ergebnis. Für die zweite Phase entschied sich deshalb das Projekt für den aufwendigen Weg der Befragung der Akteure vor Ort. Dazu wurden Interviews in den Hauptabteilungen in München, Frankfurt und Minden geführt. Diese wurden mit weiteren Telefoninterviews von Mitarbeitern in Frankfurt und Berlin abgerundet und mit dem Betriebsrat und den Administratoren vor Ort in Minden abgeglichen. Dabei kam eine zweite Fragestellung in den Blick: Inwieweit sind die mittlerweile ausgedehnten Aktivitäten der Bahn geeignet, Wissensmanagement voranzutreiben, worauf im nächsten Kapitel noch eingegangen wird.

Abb. 21: Einstiegsseite[36]

In der Tat zeigte sich in der zweiten Phase bei DaRT, dass der Pflegezustand der Grunddaten nicht ausreichte, um sie in das PPFSR System zu übertragen. Insgesamt hatte sich der Pflegezustand bis Juli 2002 zwar verbessert, die Ergebnisse weiterer Einzelabfragen zeigten aber noch andere Mängel. Neuere Untersuchungen dokumentieren dass der Pflegezustand bei Reise und Touristik bei 60% liegt und bei Regio nunmehr bei 80%. Eine Gesamtabfrage ist jedoch bis Juli 2002 nicht gelaufen und DaRT bleibt weiterhin das System für die Grunddaten (Abb.21). Eine gewünschte Verknüpfung mit dem SAP R3 Paket war bisher nicht möglich, da dies nicht überall vorhanden war, sollte aber in nächster Zeit realisiert werden. Aus diesem Grunde müssen Daten in einigen Bereichen wie der Instandhaltung doppelt eingegeben werden. Auch gibt es immer noch keine Leistungsvereinbarungen darüber, welche

---

[36] Oberfläche seit dem 28 Juni 2002

Grunddaten einzupflegen sind (Abb. 25). Für die Mitarbeiter der Instandhaltung gelten weiterhin nur die IWP Instandhaltungsanweisungen, alle anderen Anweisungen – auch zu DaRT – sind ungültig. Ein weiteres Problem ist, dass zunächst keine Verknüpfung mit den Laufkilometern möglich ist (Abb. 23 und Abb. 24).

Das Hauptproblem liegt aber in der Verarbeitung der Schlüsselzahlen. Ein Schlüsselverzeichniseintrag (vgl. Abb. 22) besteht aus einem Code, einer Bezeichnung und einem optionalen Langtext. Die Codes dienen nicht nur zur internen Repräsentation, sondern auch zur fachlichen Kommunikation.

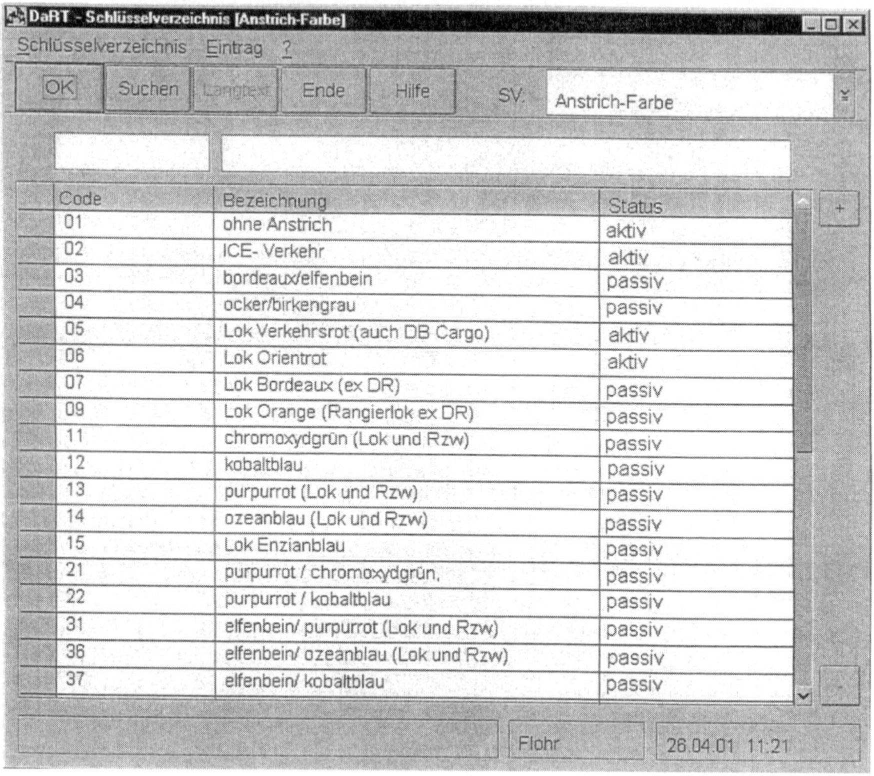

Abb. 22: Schlüsselzahlenverzeichnis

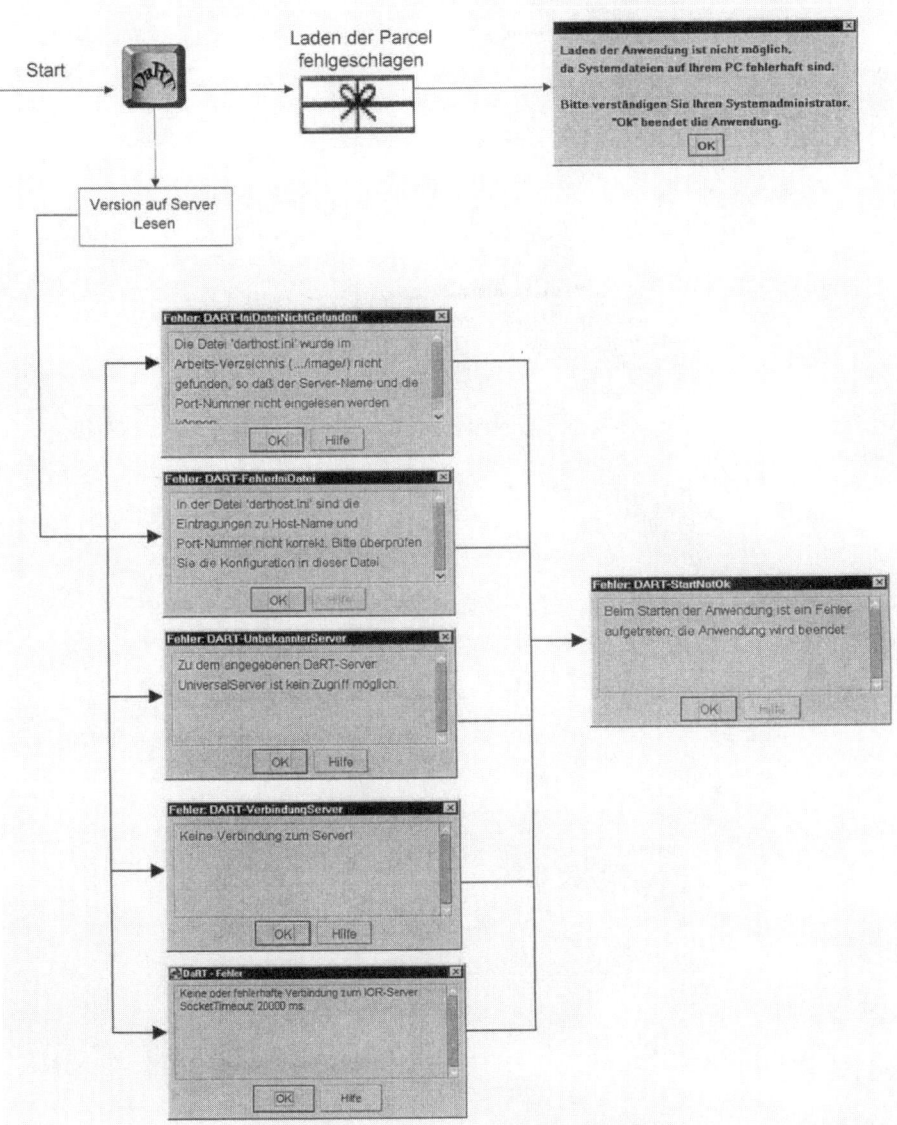

Abbildung 10: Mögliche Fehler beim Starten der Anwendung

Abb. 23: Mögliche Fehler beim Starten der Anwendung

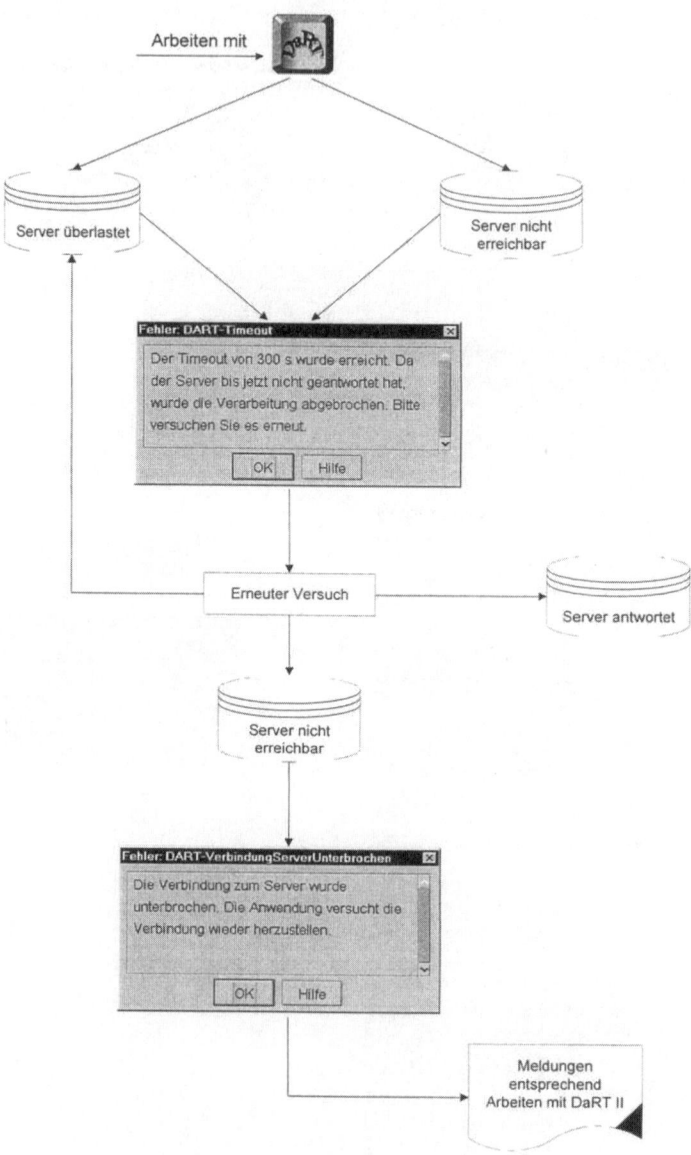

Abbildung 13: Fehlermeldung bei Timeout

Abb. 24: Fehlermeldung bei Timeout

Den Nutzern sind die häufigsten Codes bekannt, so dass sie diese schnell per Hand in die Dialoge eintragen. Ein einmal vergebener Code lässt sich aber nicht mehr verändern. Fehler sind nicht korrigierbar und eine falsche Kategorie wird aktiviert. Diese Systematik erweist sich zudem dann als ungeeignet, wenn zweistellige numerische Codes verwendet werden, der verwendete Wertebereich aber größer als Hundert ist, oder wenn aus Gründen der Vereinfachung fremde Codierungen übernommen werden.

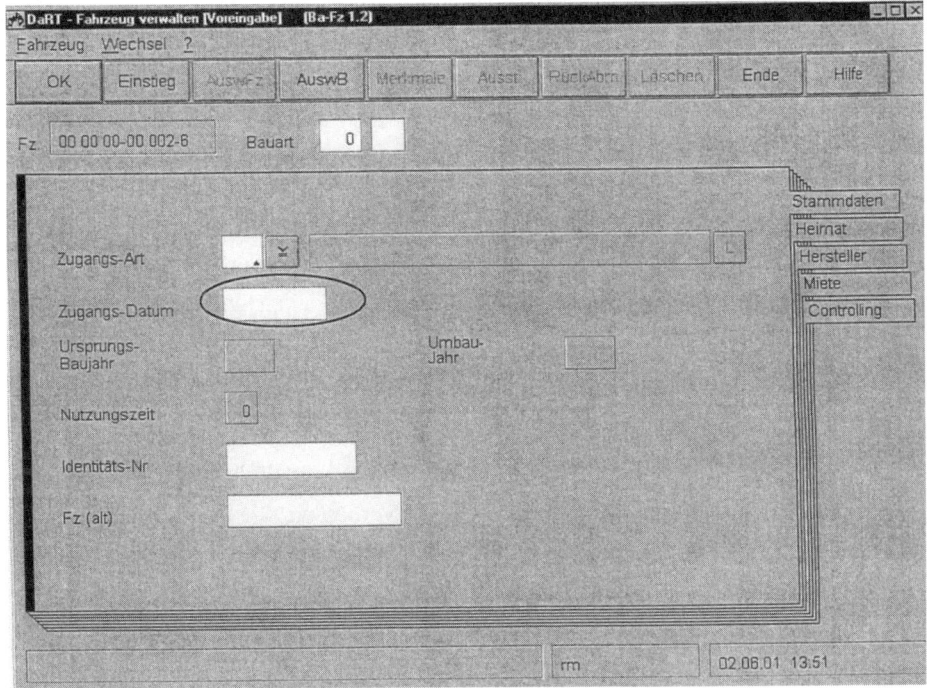

Abb. 25: Fahrzeuge verwalten

Ein weiteres Problem besteht auch im Fehlen einer systematischen Hilfe. Hier konnten in der Version 9 vom Juli 2002 Verbesserungen erzielt werden. Dies ist eine wichtige Hilfe für die Nutzer. Eine umfangreiche, systematische und gewünschte Onlinehilfe fehlt aber weiterhin. Zwar wurde nach Angaben der Nutzer die Bediener-oberfläche weiter verbessert, aber es fehlt noch immer eine adäquate Einbindung der

Daten in das Office Paket (Word; Excel). Ferner wurden die Logik und die Struktur der Datenbank deutlich verbessert.

Das in der ersten Interviewphase immer wieder angesprochene Problem der Schulungen wurde in der Zwischenzeit auch gelöst. Das Schulungsmanagement der Bahn, durch die Deutsche Bahn Zentrale Bildung (DZB), ist deutlich verbessert worden. Diese Entwicklung wurde durch die Einstellung neuer, besserer Lehrkräfte erzielt. Darüber hinaus wurden die Schulungen nach Leipzig verlegt.

Insgesamt zeigen sich also deutliche Verbesserungen, aber es gibt weiterhin Optimierungspotenziale:

- Es existiert bei der Weiterentwicklung von DaRT keine Prioritätenliste, die entscheidet, was Kosmetik und was ist wichtig ist.

- Es gibt immer noch keine verbindlichen Leistungsvereinbarungen hinsichtlich der Pflege der Grunddaten.

- Die gute, interne Kundenbeziehung sollte zwischen den Werken, die die meisten Daten pflegen, und den Haltern der Fahrzeuge entwickelt werden. Dies ist auch ein Problem der internen Kultur und Kommunikation. Maßnahmen zur Verbesserung der innerbetrieblichen Kommunikation können hier weiterhelfen.

- Die Akzeptanz des Systems sollte vor allem im Bereich Reise und Touristik verbessert werden. Es ist wichtig, dass alle die Notwendigkeit der Datenpflege einsehen. Die Richtigkeit der Daten würde ebenso verbessert wie die Vermeidung von Doppelungen bei Wagennummern.

- Die Arbeit mit den Schlüsselzahlen sollte verbessert werden. Bei 1200 Sonderarbeitsnummern von denen immer nur 15 je Bildschirmseite angezeigt werden, behelfen sich viele Nutzer mit einer von Hand geführten Mappe.

- Kurzfristig sollte vor allem an den Spezifikationen des Change Request (wer programmiert was) gearbeitet werden. Dies ist besonders wichtig für die geplante Industrieabnahme.

- Bei der Entwicklung des neuen Systems sollte überdacht werden, welche zusätzlichen Daten wirklich benötigt werden.

5.5 Umfassendere Wissensmanagementaktivitäten bei der Bahn

Vor allem im Bereich des technischen Wissensmanagements gibt es seit Juni 2001 verstärkte Aktivitäten. Folgende Fragestellungen bildeten dabei die Ausgangslage:

- Ist das Wissen, das im Unternehmen vorhanden ist, für alle transparent?

- Sind in der Unternehmensstrategie Wissensziele verankert?

- Ist das Geben und Nehmen von individuellem Wissen im Unternehmen ausgeglichen?

- Gibt es bisher Instrumente dafür?

Auf einem internen Workshop der Bahn im Juni 2001 zu dem Thema wird festgestellt, dass Wissen verloren geht oder häufig nicht genutzt wird auf Grund der Bindung des Wissens an Einzelpersonen, durch Ausscheiden oder Arbeitsplatzwechsel von Mitarbeitern, durch Unkenntnis über vorhandenes Wissen oder durch eine Wissenshinterlegung nach uneinheitlichen Ordnungskriterien.

Die Aktivitäten zum Wissensmanagement addieren sich mittlerweile zu einem unübersichtlichen Komplex, was der Grundidee des Wissensmanagements widerspricht. Um nur einige dieser Projekte zu nennen: DB Cargo-Leuchtturm, AHS-Regelwerksdatenbanken und Bibliothek, FTZ Dokumenten- und Wissensmanagement, VVM-Requirementmanagement, TLC-Projektergebnisse und FI-Datenbankverbesserungsmanagement. Das zentrale Problem ist, dass die verschiedenen Projekte sich weder an einem Leitbild noch an einer einheitlichen Strategie orientieren. Der Wunsch der Bahn, im Rahmen einer Sanierungsoffensive Kosten zu senken, Prozesse zu vereinfachen und zu beschleunigen, effizienter zu planen und Aktivitäten in besserer Qualität umzusetzen, wird sich so nicht erfüllen. Wissen wird so nicht an die entscheidungsrelevanten Stellen transferiert, obwohl die informationstechnologischen Grundlagen in vielen Bereichen vorhanden sind. Die Frage, ob die Bahn Wissensmanagement braucht, kann mit ja beantwortet werden. Was fehlt, ist jedoch ein wissensorientiertes Geschäftsprozessmanagement. Natürlich konnten im Rahmen des Projektes nicht alle Aktivitäten umfassend erforscht und dokumentiert werden. Im Folgenden soll daher nur noch kurz auf die Aktivitäten des FTZ in München (Leiter Infotools, Jan Poppendieck) eingegangen werden, da diese aus Sicht des Projektes als Erfolg versprechend einzustufen sind.

Im Kern geht es um ein Wissensmanagement im und für den Bereich DB Systemtechnik. Wie wichtig dies ist, zeigt sich im folgenden Beispiel: Weil für den Bereich
der technischen Dokumentationen relevante Erfahrungen in der Dokumentation einer
Spezialdisziplin nicht mehr vorhanden waren, musste ein Mitarbeiter aus dem Vorru-
hestand zurückgeholt werden. Kein anderer Kollege konnte diese Aufgabe erfüllen.

Das Projekt trägt den Namen „Kompetenz durch Wissen und Können" und will eine
Leistungs- und Qualitätssteigerung durch eine Verbesserung der Erfassung und Generierung, Systematisierung, Aufbereitung und Nutzung des Produktionsfaktors Wissen
erreichen. Im Leitbild des Technologiezentrums (TZ) heißt es zur Kompetenz: „Unser Wissen und unsere Erfahrung sind die Grundlage der Technikkompetenz der
deutschen Bahn. Wir haben die Möglichkeit, uns weiterzubilden und nutzen sie. Damit bauen wir unsere Fähigkeiten stetig aus und sichern die Qualität unserer Leistung."

Die technische Plattformentscheidung ist schon gefallen. Erste Erfahrungen mit dem
Tool FINDUS, einem Dokumentenmanagementsystem (auf Hyperwavebasis) für das
FTZ, liegen vor. Hier arbeiten Infobroker daran, relevante Informationen zu erfassen
und in das System zu überführen. Ein hoher Prozentsatz (ca. 80%) der Tätigkeiten
betrifft strategische Technikprojekte, deshalb geht es in der ersten Phase darum, Pro-
jektergebnisse einzupflegen, um so Prozesse zu automatisieren und Innovationspläne
zu entwickeln. Unternehmenswissen soll vernetzt und systematisch ausgetauscht
werden. Die Wissensgenerierung soll nicht dem Zufall überlassen werden und als
best practice abrufbar sein. Begonnen wurde mit der Erfassung der vorhandenen
Kompetenzen, die für den Wertschöpfungsprozess notwendig sind. Hierzu wurde ein
Fragebogen eingesetzt. Ziel ist die Entdeckung von Konzeptelementen und deren
Nutzenpotenzialen. Besonders die Blickrichtung auf die Wechselwirkungen der verschiedenen Konzeptelemente durch Aufzeigen von Szenarien zu lenken, ähnlich Wissenslandkarten, ist ein Erfolg versprechender Weg.

Noch fehlt es jedoch an Handlungsfreiräumen und an Maßnahmen, die Mitarbeiter
geeignet zu motivieren. Auf die Wichtigkeit dieser Faktoren wurde an anderer Stelle
bereits hingewiesen. Dennoch sollte das Vorhaben einen Vertrauensvorschuss bekommen. Die Ausrichtung an einem Leitbild und einer ganzheitlichen Strategie sind
ebenfalls positiv hervorzuheben. Die Ziele müssen aber klar formuliert werden. Das

Projekt funktioniert natürlich nur dann, wenn die Geschäftsleitung hinter der Projekt-durchführung steht und die benötigten Ressourcen freisetzt. Abschließend sei noch auf ein eher allgemeines und nicht spezifisches Problem des Wissensmanagements hingewiesen. An vielen Stellen in Unternehmen sind Aktivitäten zu beobachten, die als Projekt bezeichnet werden, die aber nicht mit dem Instrumentarium des Projekt-managements arbeiten. Die Ressourcen Geld und Zeit können deshalb nicht optimal eingesetzt werden.

5.6 *Zusammenfassung*

Der Schwerpunkt unserer Forschung bei der Deutschen Bahn AG war die technische Datenbank DaRT. Die Datenbank für Reisezugwagen und Triebfahrzeuge ist die zentrale Informationsquelle über die Schienenfahrzeuge des Personenverkehrs der DB AG. Dort ist der gesamte Bestand der Fahrzeuge abgelegt. Zu jedem Fahrzeug werden Informationen über seine Beheimatung, seine technische Ausstattung sowie seine betriebliche Verwendbarkeit vorgehalten. Durch zusätzliche Anwendungen können individuelle Auswertungen über den Fahrzeugbestand erfolgen sowie die Planung und Überwachung von Instandhaltungsmaßnahmen und Sonderarbeiten. Über eine Reihe von Schnittstellen liefern DaRT Fahrzeugdaten an weitere Systeme, die diese Informationen für verschiedene Planungs-, Durchführungs- oder Control-lingaufgaben benötigen. Die Schwierigkeiten lagen hier vor allem im schlechten Pflege-gezustand des Systems. Dies behinderte besonders den Import der Datensätze in ein neues System. Die Ergebnisse in der ersten Phase zeigten aber relativ schnell, dass der tatsächliche Pflegezustand nicht ausreichte, um ein neues System sinnvoll betreiben zu können. Die Nachpflege der Daten führte hier zu erheblichen Verbesse-rungen. Auch bei dem Angebot an Schulungen ist nach Angaben der befragten Mit-arbeiter eine deutliche Verbesserung festzustellen. Ein Grund ist sicherlich die interne Veränderung bei dem Schulungsanbieter, dennoch fehlt weiterhin eine qualitativ hochwertige Seminarbeurteilung für eine kontinuierliche Verbesserung, in die auch die Administratoren mit eingebunden werden. Für die Nutzer von DaRT gibt es Ver-besserungen durch die kontinuierlich betriebene Optimierung der Bedieneroberflä-che. Eine Weiterentwicklung zur Integration in die bestehenden Microsoft Office Pa-kete (z.B. durch Konvertieren der Daten in Excel) ist aber immer noch nicht optimal gelöst. Außerdem fehlen nach wie vor klare Anweisungen und eine Onlinehilfe. Eine deutliche Verbesserung der Akzeptanz des Systems und eine Optimierung der internen Kundenfreundlichkeit zwischen Werken und den Haltern der Fahrzeuge hat schon große Fortschritte gebracht. Kurzfristig muss noch eine Verbesserung der Spezifikationen des Change Request erfolgen.

An diesem Beispiel wird besonders deutlich, welche Konsequenzen Lücken in der Planung und im Einführungsprozess einer Datenbank für eine effektive Nutzung haben können. Gleichzeitig werden aber die Fortschritte und Optimierungserfolge deutlich, die nach den ersten Erfahrungen initiiert wurden.

6 Fallbeispiel III: PerotSystems[37]

6.1 Das Unternehmen

Die PerotSystems GmbH hat den Hauptsitz für Deutschland in Frankfurt am Main und ist eine Tochtergesellschaft der PerotSystems Corporation mit Sitz in Dallas/Texas (U.S.A.), einer weltweit tätigen Unternehmensberatung. Zum Angebot gehören Customer-Relationship-Management, E-Commerce, Business Engineering und das Management von Veränderungsprozessen. Die Umsetzung der Konzepte erfolgt mittels des von PerotSystems entwickelten Ansatzes: „People – Process – Technology". Er umfasst neben der Bereitstellung des technischen Umfeldes auch die Optimierung von Prozessen und die Einbindung von Mitarbeitern. PerotSystems beschäftigt weltweit ca. 7.500 Mitarbeiter und erwirtschaftete 2000 mehr als 1 Milliarde US-Dollar Umsatz. Die PerotSystems GmbH in Deutschland ist in fünf Bereiche unterteilt: Finanzdienstleistungen, Telekommunikation, Logistik, Energieversorgung und produzierende Industrie. PerotSystems Deutschland erzielte im Jahr 2000 mit 170 Mitarbeitern über 76 Mio. Mark Umsatz.

6.2 Die Dienstleistungsdatenbank InfoQuest

Auf Grund von fehlendem Wissensmanagement war PerotSystems lange Zeit selbst nicht in der Lage, das im eigenen Hause generierte Wissen allen zur Verfügung zu stellen und mehrfach zu nutzen. Deshalb wurde eine globale Knowledge Management Initiative unter der Führung von Ross Perot jr. gestartet. In einer ersten Phase des Projektes wurde das Wissen im Unternehmen in der Datenbank InfoQuest gesammelt. In der zweiten Phase soll nun das Knowledge Management Tool InfoQuest fortlaufend verbessert werden. Ziel ist es, PerotSystems in eine lernende Organisation zu verwandeln. Ein weiteres Produkt der Knowledge Management Initiative war die Verpflichtung für die Mitarbeiter, stärker nach den Regeln der Projekt-Management-Methode zu arbeiten. Integraler Bestandteil der Projektarbeit ist es nun, dass Dokumente aus dem Projekt in InfoQuest eingegeben werden. Die weitere Entwicklung

---

[37] *Ansprechpartner:* Dr. Rainer Behrendt, Hahnstraße 43, 60528 Frankfurt am Main, *Untersuchungsgegenstand:* InfoQuest, *Art der Datenbank:* Dienstleistungsdatenbank

von InfoQuest im Rahmen der Knowledge Management Initiative sieht wie folgt aus: Die einzelnen Bereiche müssen selbstverantwortlich alte Daten in InfoQuest eingeben, wofür Verantwortliche benannt werden.

Der offizielle Startzeitpunkt des Knowledge Managements bei PerotSystems Deutschland war der 1. Juli 2001, seit diesem Tag ist jeder Mitarbeiter verpflichtet, eigene Daten in InfoQuest einzugeben und seinen Datenstand zu pflegen. Die Pflege der Datenbestände ist dabei fester Bestandteil der Arbeit der „Competence Lines".

Mit InfoQuest bietet PerotSystems seinen Mitarbeitern ein technisch leistungsfähiges Knowledge Management Tool. Als Wissensquelle ermöglicht es die komfortable Speicherung und Suche von Daten, zusätzlich ist eine Freitexteingabe möglich. Da InfoQuest eine Eigenentwicklung von PerotSystems ist und auf der Client Seite nur einen Browser benötigt, entstanden dem Unternehmen nur geringe Softwarekosten. InfoQuest wird bereits seit mehreren Jahren genutzt und fortlaufend (unsere ersten Untersuchungen und die Interviews bezogen sich noch auf die alte Version vom Herbst 2000) verbessert. Um InfoQuest für PerotSystems Deutschland sinnvoll nutzen zu können, waren mehrfach Anpassungen notwendig. Ein Ergebnis unserer Befragung war, dass es für die Mitarbeiter in Deutschland ein Problem darstellte, ihre Daten in die von den Amerikanern vorgegebene Struktur einzuordnen. Auch die Mehrzahl aller Dokumente war von Amerikanern eingegeben worden. Dabei interessieren einen deutschen Berater die speziellen Probleme einer Beratung eines Unternehmens in Texas wenig. Vielmehr suchen deutsche Mitarbeiter übertragbare Konzepte aus ähnlich gelagerten ökonomischen und rechtlichen Kontexten, die nur mit geringen Veränderungen auch auf deutsche Unternehmen angewendet werden können.

Aus diesen Gründen legt PerotSystems Deutschland nun seine Daten in einem eigenen Bereich von InfoQuest ab. Hierfür wurde eine eigene Datenstruktur erstellt, in der Version ab Mai/Juni 2001, die nunmehr alle deutschen Geschäftsbereiche abdeckt. Wie aus der folgenden Abbildung ersichtlich ist, werden auf der obersten Ebene zunächst die Kompetenzbereiche abgebildet – innerhalb dieser werden unterschiedliche Subjects und Categories festgelegt (siehe Abb. 26), die bei Bedarf jederzeit erweitert werden können:

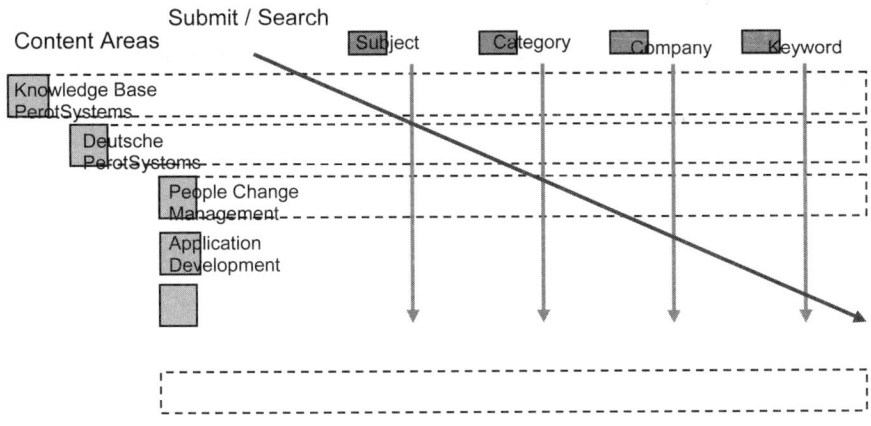

Abb. 26: Multiple Klassifikation der Daten in InfoQuest

Der Zugang zu InfoQuest erfolgt über ein Knowledge Portal. Die Benutzerfreund-lichkeit dieses Zugangs ist in der neuen Version verbessert worden. Dafür ist u.a. die Struktur der Datenbank vereinfacht worden und zusätzliche Informationen zu den einzelnen Bereichen, wie etwa „Recent Uploads", können gegeben werden. Know-ledge Management kann aber nur dann erfolgreich sein, wenn die Daten ständig aktu-alisiert werden und immer abrufbar sind. So können Mitarbeiter, die beim Kunden arbeiten, über ein Modem auf das Intranet zugreifen.

Auf der Startseite von InfoQuest (Abb. 27) bekommt man mit Hilfe des Buttons „EXPLORE" eine Übersicht der Datenstruktur von InfoQuest. Die neu geschaffene Struktur für die Daten der Mitarbeiter in Deutschland findet sich unter Knowledge Base/Consulting/DPS (siehe Abb. 28). Dieses neue Knowledge Portal soll den Zugriff auf die deutschen Daten wesentlich komfortabler gestalten.

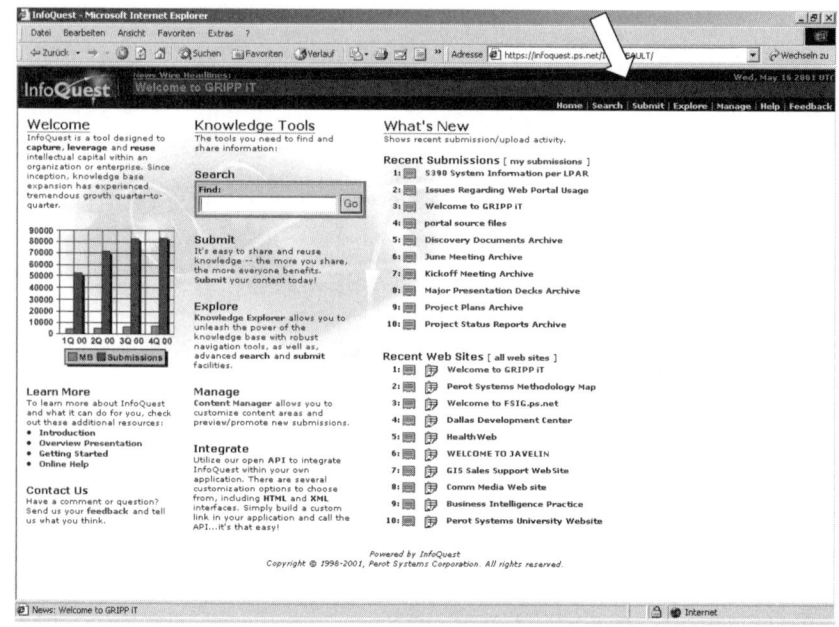

Abb. 27: Zugang zum Portal

Mit Hilfe des „Submit" Buttons können Daten in die einzelnen Unterordner geladen werden. Es öffnet sich dann die Eingabemaske (Abb. 28). In den Feldern „Title" und „Abstract" soll eine kurze Beschreibung der Datei gegeben werden. Bei „Subject" und „Category" kann man aus einer feststehende Auswahl verschiedener Begriffe dem eingegebenen Datensatz die passenden zuordnen. So wird eine standardisierte Suche ermöglicht. Subject bezeichnet Kompetenzgebiete, Category die Dokumententypen. Diese Begriffe können durch den verantwortlichen Inhaltsmanager verändert werden. Sofern die richtigen Begriffe noch nicht vorhanden sind, können bei den Feldern „Company" und „Keyword" eigene Begriffe vorgeschlagen werden (Button „Suggest"). Unter „Links" können Verweise ins Intra-/Internet oder zu anderen Dateien eingefügt werden.

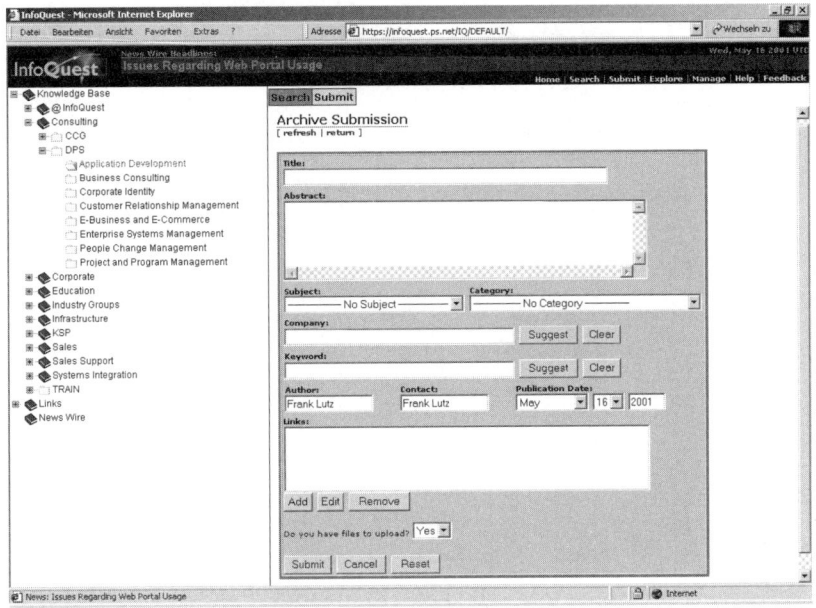

Abb. 28: Eingabemaske

Alle Dokumente können mit Hilfe der Suchfunktion wieder gefunden werden. Jeder Mitarbeiter kann seine Dateien, die er selbst in die Datenbank InfoQuest gestellt hat, jederzeit wieder verändern. Wird eine Datei ausgewählt, so bekommt man folgendes „Deckblatt" (Abb. 29).

Nun hat man die Möglichkeit, mit Hilfe des entsprechenden Buttons Inhalte aus dem Archiv zu löschen oder hinzuzufügen sowie das Archiv in einen anderen Bereich zu verschieben oder es komplett zu löschen.

Für jeden Bereich werden eine oder mehrere Personen als Content Manager (verant-wortliche Inhaltsmanager) bestimmt. Durch das Anklicken des „Manage" Buttons kommen die Content Manager zu folgender Eingabemaske (Abb. 30).

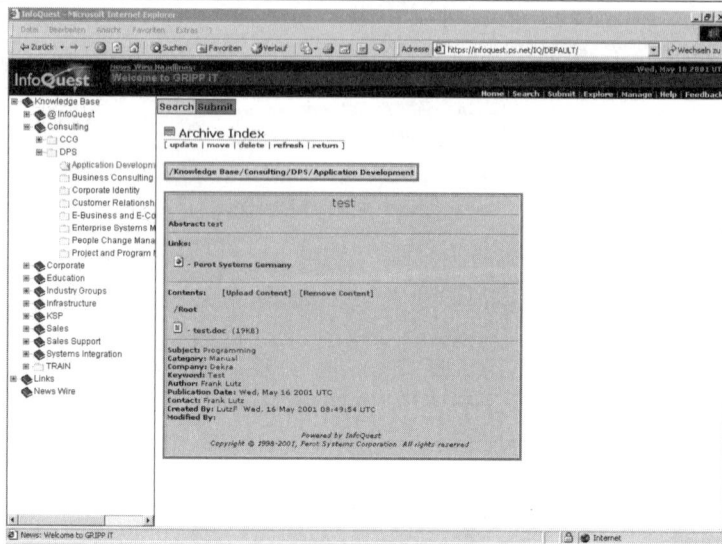

Abb. 29: Archiv

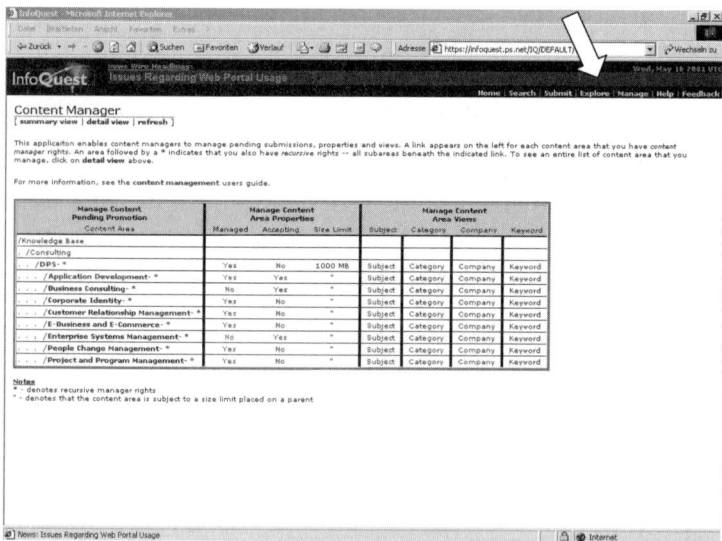

Abb. 30: Content Manager

Hier können neue Schlagwörter für den jeweiligen Bereich vergeben werden. Unter „Manage Content Area Properties" kann ein Bereich für die weitere Dateneingabe gesperrt werden (Accepting=No) oder so eingestellt werden, dass die Content Manager zuerst die neuen Daten freigeben müssen, bevor sie für alle Benutzer sichtbar werden (Managed=Yes). Content Manager haben das Recht, alle Daten in ihrem Verantwortungsbereich zu löschen, zu verschieben und zu ergänzen.

6.3 Zusammenfassung

Mit der Dienstleistungsdatenbank InfoQuest stellt PerotSystems den Mitarbeitern ein technisch leistungsfähiges System zur Verfügung. Bereits die alte Version der Datenbank ist in Amerika mehrfach preisgekrönt worden. Unsere Expertengespräche und Interviews mit den Nutzern zeigten jedoch, dass die Mitarbeiter in Deutschland (Herbst 2000) das System trotzdem nicht nutzten, da sie sich in der vorgegebenen Struktur nicht wiederfanden. Die zu diesem Zeitpunkt der Analyse geplanten umfangreichen Neuerungen lassen erkennen, dass hier nun für die deutschen Mitarbeiter eine Informationsdatenbank zur Verfügung gestellt wird, die ihre Bedürfnisse befriedigt. Auch bei PerotSystems wird Wissensmanagement eher aus einer produktionstechnischen Sichtweise gesehen. Der Zweck, für den das Wissen benötigt wird, steht im Vordergrund. Die Funktionen der Datenbank InfoQuest ver-körpern diese Sichtweise: Erfassen der Dispositionen, Beschaffung des für die Pro-duktion benötigten Wissens, Ordnen und Speichern des Wissens, Organisation der Einsätze des Wissens sowie die Übertragung des Wissens auf die Mitarbeiter. Ferner wird hier Wissensmanagement als pragmatische Antwort auf die zunehmend notwen-digen Prozesse dezentraler Kooperation, interorganisationaler Vernetzung, stetiger Qualifizierung, organisationalen Lernens und projektgebundener Arbeit gesehen. Die Mitarbeiter werden stärker als flexible Individuen behandelt und weniger als starre Funktionsträger (vgl. hierzu auch die theoretischen Ausführungen).

7 Fallbeispiel IV: Westfälischen Zentrum für Psychiatrie und Psychotherapie (WZfPP)[38]

7.1 Das WZfPP

Das Westfälische Zentrum für Psychiatrie und Psychotherapie des Landschaftsverbandes Westfalen-Lippe wurde im Sommer 1985 gegründet[39]. Für die Versorgung der Region stehen 192 Betten und 40 Tagesklinikplätze bereit und für die rehabilitative Entwöhnungsbehandlung werden weitere 4 Plätze vorgehalten. Komplettiert wird das Leistungsangebot durch eine Institutsambulanz sowie das "Betreute Wohnen" für 24 ehemalige Patienten. Die Klinik ist eine gemeindenah arbeitende, auf die psychiatrische Vollversorgung ausgerichtete Fachklinik mit einem individuellen Behandlungsangebot, das entsprechende vorbeugende und nachsorgende Hilfen einschließt.

Folgende Formen seelischer Erkrankungen werden in der Klinik behandelt: Psychosen, körperlich begründbare psychische Erkrankungen, Neurosen und psychosomatische Krankheiten, reaktive Verstimmungszustände, abnorme Reaktionen und Suchterkrankungen. Aufgenommen werden alle psychisch Kranken, denen nur unter den Bedingungen eines Krankenhauses geholfen werden kann. Alle gängigen biologischen und soziotherapeutischen Behandlungsmethoden werden angewendet. Psychotherapie wird genauso angeboten, wie verhaltenstherapeutische, psychodynamische, familientherapeutische und gesprächstherapeutische Ansätze.

Entsprechend dem breit gefächerten diagnostischen und therapeutischen Angebot arbeiten insgesamt 282 Personen im WZfPP (Juni 2002). Davon 160 Pflegekräfte, 25 Ärzte, 38 Therapeuten sowie 30 Personen in der Verwaltung und 29 Personen in anderen den Betrieb unterstützenden Bereichen. Die Mitarbeiter gehören verschiedenen Berufsgruppen an: Ärzte, Psychologen, Sozialarbeiter, Krankenschwestern und Krankenpfleger, Ergotherapeuten sowie Sport- und Bewegungstherapeuten. Sie arbei-

---

[38] *Ansprechpartner:* Arno Appelhoff, Personalratsvorsitzender; Markus Borowiak, Projektleiter; Im Schlosspark, 45699 Herten, *Untersuchungsgegenstand:* Einführungsberatung Datenbank/ Skill Datenbanksystem, *Art der Datenbank:* Skill-Datenbank

[39] Die Informationen sind z.T. der Homepage des Krankenhauses entnommen http://www.lwl.org/wzfpp_herten

ten multiprofessionell in enger Teamarbeit zusammen. Es gibt drei zentrale Einrichtungen, die nun kurz vorgestellt werden:

Tagesklinik: Sie bietet eine ganztägige psychiatrische Krankenhausbehandlung, bei der man die Abend- und Nachstunden sowie die Wochenenden in seinem gewohnten Lebensumfeld verbringt. Der Alltag in der Tagesklinik wird u.a. von folgenden Arbeiten bestimmt: Regelmäßige Gesprächsgruppen, Einzel- und Angehörigengespräche nach individuellen Erfordernissen, medizinische und psychiatrische Diagnostik und Therapie, einschließlich medikamentöser Behandlung – sofern erforderlich etc.

Psychotherapiestation: Hier findet eine ganztägige psychotherapeutische Krankenhausbehandlung statt. Der Schwerpunkt liegt auf psychotherapeutischen Angeboten, die ärztlich-therapeutisch überwacht und durch pflegerische Leistungen ergänzt werden. Dies wird auch in teilstationärer Behandlung angeboten.

Entwöhnungsstation: Innerhalb eines Rahmenprogramms von 10 Wochen werden psychotherapeutisch geführte stationäre Behandlungen für abhängigkeitskranke Menschen auf der Entwöhnungsstation angeboten. Hier sind die Kernelemente Gruppentherapie, gegebenenfalls Einzel- oder Paargespräche, Wohnortnähe und die Einbindung der Angehörigen- und Bezugspersonen.

7.2 Exkurs: Wissensmanagement im Krankenhaus

Die weiterhin steigenden Kosten für des Gesundheitssystem führten und führen nach wie vor zu Reformen und gesetzlichen Anpassungen. Die wesentlichen Ziele sind hierbei die Sicherung der Finanzierbarkeit, Beitragsstabilität, ein effizienterer Ressourcenverbrauch und die Versorgungssicherung der Patienten der gesetzlichen Krankenversicherung auf qualitativ hohem Niveau. In diesem Zusammenhang werden Überkapazitäten der stationären Versorgung abgebaut, die Verzahnung von ambulantem und stationärem Bereich vorangetrieben und die Patientenorientierung optimiert. Gleichzeitig führt dies zu einem zunehmend stärker werdenden Wettbewerb zwischen den einzelnen Einrichtungen, die damit gezwungen sind, ihre Leistungen qualitativ hochwertiges und ökonomisch möglichst effizient zu gestalten. Entsprechend gilt es, das vorhandene Wissen gewinnbringend zu nutzen und entsprechende Wissensmanagement-Maßnahmen zu ergreifen. Hierbei werden häufig Standards verwendet, die Handlungen normieren und so ineffiziente wie

Doppelarbeiten vermeiden helfen. Die Schaffung dieser Standards in Organisationen kann durch Lernprozesse und unterstützende Wissensmanagementmaßnahmen geleistet werden.

Eine besondere Herausforderug der optimalen Gestaltung von Standards und Wandlungsprozessen besteht in der Organisation der Krankenhäuser. In der Regel spiegelt die Krankenhausleitung, die häufig noch dem Krankenhausträger unterstellt ist, die drei zentralen, im Krankenhaus tätigen Berufsgruppen wieder: Ärzte, Pflegedienst und Verwaltung. Dabei spielen Standards im Rahmen der Qualitätssicherung in der Medizin und Pflege bereits heute eine entscheidende Rolle. Entsprechend bietet sich hier ein Anknüpfungspunkt für weiterführende Maßnahmen. Die Schaffung neuer Standards sollte dabei als Lernprozess unter Einbeziehung aller Bereiche eines Krankenhauses organisiert werden. Die Grundvoraussetzung erfolgreicher Lernprozesse ist dabei, dass die beteiligten Akteure bereit sind, alte Verhaltensweisen zu ändern und neue Vorgehensweisen anzuwenden.

So können neue pflegerische Standards oder medizinische Behandlungsleitlinien für bestimmte Krankheitsbilder auch auf andere Bereiche wie z.B. Investitionen in Ausstattung Einfluss nehmen. Daraus ergeben sich zwei Punkte, die bei der Standardsetzung in Lernprozessen zu berücksichtigen sind. Einerseits sind Bewertungen im Lernprozess, die letztlich zur Setzung von Standards führen, immer auf der Basis möglichst großer Erfahrungen der späteren Anwender und mit großer Sorgfalt zu treffen. Andererseits gilt es sicherzustellen, dass die Standards aktuell bleiben, d.h. neues Wissen muss immer wieder berücksichtigt und die Standarts müssen ggf. angepasst werden. Denn ohne eine kontinuierliche Überprüfung bieten sie keinen dauerhaften positiven Nutzen.

Ein wesentlicher Erfolgsfaktor bei der Nutzung von Standards ist dabei die Kommunikation. Nur wenn Standards umfassend kommuniziert und damit vermittelt werden, können sie einen maximalen Nutzen bringen. Das einfache zur Verfügung stellen der Standards in Papierform oder per Email reicht dabei im Normalfall nicht aus.

Werden diese Aspekte nicht oder nur unzureichend berücksichtigt, besteht die Gefahr, dass Standardisierungs- und auch andere Wissensmanagementbemühungen erfolglos bleiben. Das Wissen der Organisation kann dann nicht optimal genutzt werden und die Leistungs- und Wettbewerbsfähigkeit ist zwangsläufig auch unzureichend.

Die Entscheidung für Wissensmanagement in einem Krankenhaus sollte dabei von der Unternehmensleitung in vollem Umfang unterstützt werden, damit zunächst alle Gruppen ausreichend beteiligt und letztlich ihre Prioritätensetzungen verändert werden. Z.B. sollten alle Gruppen betriebswirtschaftliche Kenntnisse erwerben, um diese in Standardisierungsprozesse einbinden zu können. Der Erfolg von Wissensmanagement- und Standardisierungsmaßnahmen ist von einem aufgeschlossenen Miteinander zwischen allen Gruppen im Krankenhaus abhängig. Erfolge können dabei die Handlungsspielräume des Krankenhauses erheblich erweitern.

Die strukturellen Anwendungsfelder von Wissensmanagement können generell wie folgt dargestellt werden:

In der Medizin: Entwicklung von medizinischen Behandlungsleitlinien, zunehmende Spezialisierung von Fachabteilungen, Evaluation und Qualitätssicherung.

In der Pflege: Entwicklung und Festlegung von Pflegestandards, Qualifizierung des Personals, Strukturierung von Prozessen der Pflege.

In der Krankenhausführung: Prozessoptimierung, Rationalisierung der Logistik und bessere Planung beim Outsourcing, Wissen im Vertragswesen und bei rechtlichen Problemen.

In der Patientenorientierung: Aufbau von Wissen über die Bedürfnisse der Patienten, Optimierung der Ablauforganisation.

7.3   Die Einführung einer Datenbank im Krankenhaus

Die Wissensmanagementaktivitäten in diesem Krankenhaus konzentrierten sich in der Gründung einer Projektgruppe, deren Arbeitsauftrag es war, ein „Informationsdatenbank, die den Arbeitsalltag für alle Mitarbeiter erleichtert" einzuführen (aus dem schriftlich geschlossenen Projektauftrag). Die Arbeit dieser Projektgruppe wurde im Rahmen des Projektes „Betriebsräte und Wissensmanagement" (und später auch mit

Sondermitteln über die Projektlaufzeit hinaus) unterstützt. In Vorgesprächen und durch Präsentationen und Workshops für die Projektgruppe wurde zunächst in die Thematik eingeführt[40]. Um einen ersten Überblick über das vorhandene und benötigte Wissen im Krankenhaus zu erlangen, wurden in der Projektgruppe Wissenslandkarten erarbeitet, um die Wissensbestände zu visualisieren und explizieren.

Wissenskarten sind ein einfach und variabel einsetzbares Instrument, das Wissen in einem Unternehmen explizit zu machen. Es sind Verzeichnisse über das Unternehmen und die Verteilung des Wissens im Unternehmen, sie erfassen letztlich die Wege zum Wissen. In Abhängigkeit des Themas, über das die Karten Auskunft geben sollen, lassen sich Karten über Experten und ihre Wissensgebiete erstellen, über die Orte, an denen bestimmtes Wissen abgelegt ist und Karten die die Struktur des Wissens im Unternehmen beschreiben. Je nachdem, was aufgezeichnet wird, werden diese Karten auch als Wissensbestandskarten, Wissensstrukturkarten, Wissensanwendungskarten, Wissensbeschaffungskarten etc. bezeichnet. Der am häufigsten verwendete Begriff in diesem Zusammenhang ist sicherlich der der „Gelben Seiten". Wissenskarten können dabei sowohl für das strategische als auch das operative Wissensmanagement richtungsweisend sein, da ihre Erstellung auch die Defizite im Umgang mit Wissen im Unternehmen expliziert. Sie ermöglichen einen Soll-Ist-Abgleich aus dem künftige Wissensmanagementaktivtäten abgeleitet werden können.

In WZfPP sollten zunächst Gelbe Seiten erstellt werden, die Fach-, Methoden-, Sozial- und personale Kompetenzen erfassen, die Kompetenzen, die wesentlich zur innerbetrieblichen Kommunikation beitragen. Die *Fachkompetenzen* umfassen die beruflichen Kenntnisse und Fähigkeiten, wie formale Ausbildung und gemachte Erfahrungen, welche zusätzlich noch bewertet werden sollen in vier Stufen von Grundwissen bis Expertenwissen. Die Art und Weise, wie Aufgaben erledigt werden, wird über die *Methodenkompetenz* erfasst. Die Sozialkompetenz beschreit Aspekte wie Teamfähigkeit, Verhalten in Problemsituationen und gegenüber Vorgesetzten und Kollegen. Lernfähigkeit und Führungqualitäten werden unter der Überschrift personale Kompetenzen erfasst, wobei die letzten beiden Kompetenzen auf jeden Fall vertraulich zu

---

[40] Die ursprüngliche Initiative zur Zusammenarbeit ging vom Personalrat aus, der über das Internet auf das HBS-Projekt aufmerksam wurde.

behandeln sind. Der Projektverlauf führte jedoch zunächst nicht zu dieser umfassenden Erhebung und da zu Beginn der Projektarbeit nicht sicher war, wann die technische Realisierung der Datenbank erfolgen kann, sollte die Wissenslandkarte so entwickelt werden, dass sie auch ohne IT-System Unterstützung genutzt werden kann.

Im weiteren Verlauf der Beratung kam es immer wieder zu Rückschlägen, da für den Entscheidungsprozess relevante Akteure an den Projektsitzungen nicht teilnahmen. Hinzu kamen weitere Probleme, wie das Protokoll der Sitzung vom Mai 2002 zeigt (Abb. 31).

Protokoll vom: 24.05.2002 (Auszüge)

1. Wie bereits in der letzten Sitzung, konnte auch dieses Mal nur mit einer eingeschränkten Teilnehmerzahl die Projekt-Besprechung durchgeführt werden. Gründe hierfür sind wohl vor allem in der fehlenden Ressourcenbereitstellung, hier vor allem der Zeitressource der Teilnehmer, zu vermuten (s. Anwesenheitsliste).

2. Die Ergebnisse der einzelnen Teilnehmer (Nutzungsprofil für den jeweiligen Bereich) werden aufgrund der geringen Teilnehmerzahl erst in der nächsten Sitzung besprochen.

3. Herr X berichtete über den Erhalt der Unterlagen über das Knowledge-Cafe der Firma Altavier. Die Unterlagen enthalten technische Details, wie z.B. Schnittstellen bezüglich Datenbankanbindung, aber auch Preisinformationen über dieses System sind zu entnehmen. Herr Y merkte an, dass es ein weitaus leistungsfähigeres, aber auch teureres Produkt gibt. Es ist das Medknowledge-Portal. Dieses System integriert gleichzeitig auch die logistische Datenverarbeitung.

4. Herr X fährt am 03.06.2002 zur ComInfo 2002 (Fachmesse für Wissensmanagement) nach Frankfurt und wird beim nächsten Treffen darüber berichten.

5. Es wurde von den Anwesenden festgestellt, dass die Arbeit an dem Projekt erschwerten Bedingungen ausgesetzt ist. Herr X bekundete seine Schwierigkeiten die Projektarbeit adäquat durchzuführen. Neben seiner Tätigkeit auf der geschlossenen Station und der Funktion der stellvertretenden Stationsleitung bleibt ihm kaum Zeit für das Projekt. Es sei sehr unzufriedenstellend, führt Herr X fort, unter diesen Voraussetzungen an dem Projekt weiter zu arbeiten. Seitens der Betriebleitung sei dieses Projekt erwünscht und auch die Weiterführung angestrebt, obgleich die erforderlichen Ressourcen für eine solche Aufgabe nicht ausreichend zur Verfügung gestellt werden und dem Projekt in keiner Weise gerecht werden. Es wird beschlossen, den Ressourcenbedarf zu erheben und einen Katalog zur Vorlage bei der BL zu erstellen. Herr X wird dies in die schriftliche Form tun.

Abb. 31: Ergebnisse aus der Projektgruppe

Die mangelnde Beteiligung in der Projektgruppe führte auch im weiteren Verlauf immer wieder dazu, dass Projektsitzungen ausfielen. Von Juni bis August 2002 konnten keine weiteren Projektsitzungen mehr durchgeführt werden und das trotz der Tatsache, dass sowohl die Klinikleitung, als auch der Personalrat weiterhin starkes Interesse am Projekt bekundeten. Vom Projekt wurde deshalb ein Gespräch mit der Betriebsleitung über die Zukunft des Projektes angeregt. Ergebnis des Gesprächs waren erhebliche Vorteile für das Projekt. Der Projektleiter wurde beginnend mit Oktober im Rahmen seiner Tätigkeit mit einem Viertel seiner Stelle für das Projekt freigestellt. Der Projektgruppe wurden nun auch Räumlichkeiten zugewiesen und die verpflichtende Teilnahme (mit einer entsprechenden Freistellungsverordnung) der Projektmitglieder gilt als gesichert. Derzeit werden die Rückmeldungen der einzelnen Abteilungen zur Aufbereitung der Wissenslandkarte ausgewertet. Auch konnten in Abstimmung mit der Klinikleitung Testzugänge verschiedener Softwareprodukte von den Projektteilnehmern getestet werden, um so die Anforderungen an ein eigenes System besser beurteilen und umsetzen zu können.

Für einen einjährigen Testlauf konnte ein Software-Produkt kostenlos genutzt werden, sodass mit dem Portalaufbau begonnen werden konnte. Die Projektgruppe führte in der Zwischenzeit eine Befragung unter den Mitarbeitern durch, in allen Bereichen und über alle Hierarchiestufen, die den gewünschten Inhalt einer solchen Datenbank bei den späteren Nutzern erhob. Folgende Fragen standen im Vordergrund: Welche Daten sollen in der Datenbank zur Verfügung gestellt werden? Welche Informationen existieren bereits im Hause? Welche Person kann welches Wissen zur Verfügung stellen?

Die Befragung förderte ein hohes Interesse und die Bekundung hoher Motivation an der Beteiligung einer solchen Datenbank zu Tage. In der Befragung wurde auch die bisherige Nutzung von Medien der internen Kommunikation erhoben. Dabei zeigt sich, dass besonders Telefonate als schneller Informationsaustausch genutzt werden, nicht aber gedruckte Medien, wie Handbücher und die Hauszeitschrift (vgl. auch folgendes Kapitel).

Weiterhin ist eine Liste mit Experten zusammengetragen worden, d.h. eine Liste mit: Namen, Funktion, Telefonnummer und den entsprechenden Kompetenzen, außerdem sind die Listen der Betreuer von ambulanten Patienten, die Adressen der zuständigen Amtsgerichte, Arbeitsämter und Sozialämter erstellt worden. Alle diese Listen sollen dann in das Infoportal eingestellt werden. Für die technische Umsetzung ist ebenfalls ein Muster erarbeitet worden. Ein Leitfaden für den Umgang mit nicht deutschsprachigen Patienten ist in einer anderen Projektgruppe des Krankenhauses erarbeitet worden und wird ebenfalls online gestellt. Die Ergebnisse der Projektgruppenarbeit wurden dann am 15.09.2003 der hausinternen Öffentlichkeit im Rahmen einer Präsentation vorgestellt.

Im folgenden Kapitel stellt die Projektgruppe die Wissensmanagementerfahrung sowie erste Ergebnisse in Zusammenhang der die Arbeit beeinflussenden Rahmenbedingen dar.

7.4 Praxisbeispiel aus dem WZfPP[41]

Die Projektgruppe setzt sich zusammen aus dem Projektteam vor Ort um den Projektleiter der Klinik sowie der Arbeitsgruppe Gesundheitswirtschaft der Ruhr-Universität Bochum. Letztere hat sich im Rahmen eines Vertiefungsseminars zum Thema Wissensmanagement der Sektionen Sozialpsychologie und Arbeits- und Wirtschaftssoziologie an dem Projekt beteiligt. Bei dem Projekt handelt es sich um ein genehmigtes Drittmittelprojekt zur Unterstützung der Klinik bei der Entwicklung einer Informationsdatenbank für alle Mitarbeiter.

Im vorliegenden Bericht werden zunächst einige allgemeine Überlegungen zur derzeitigen Situation der Kliniken angestellt. Diese befassen sich mit dem Spannungsfeld, in dem sich die Krankenhäuser gegenwärtig befinden, zwischen finanzieller und personeller Ressourcenverknappung einerseits und wachsender sowie sich wandelnder Anforderungen an die Leistungserbringung andererseits. Vor diesem Hintergrund wird anschließend auf die Bedeutung von Wissensmanagement für Krankenhäuser eingegangen. Zum Schluss wird über die in der Projektklinik zu diesem Thema durchgeführte Befragung und deren Ergebnisse berichtet.

Einerseits sind Krankenhäuser – mehr als die meisten anderen Organisationen – nach wie vor durch eine ausgeprägte Hierarchie unter den Mitarbeitern gekennzeichnet. Andererseits kann konstatiert werden, dass auf Grund der sich wandelnden Rahmenbedingungen (z.B. im Zusammenhang mit der Einführung von neuen Vergütungsformen, wie den Diagnosis Related Groups, DRGs[42]) auch Krankenhäuser heute nicht

---

[41] Dieses Kapitel ist von Christiane Ludwig und Markus Ingenfeld geschrieben worden.

[42] Die Leistungsvergütung im stationären Bereich erfolgt bereits seit Anfang dieses Jahres optional auf Grundlage von Diagnosis Related Groups (DRGs). Ab 01.01.2004 ist diese neue

mehr allein durch eine hierarchische Abfolge von Entscheidungen und Anweisungen von der Betriebsleitung aus zu lenken sind. Letzteres gilt insbesondere dann, wenn es um die Implementierung von Wissensmanagement geht. Wobei sich die Notwendigkeit eine kooperative, lernbereite und möglichst wenig hierarchische Organisationsstruktur zu schaffen ausdrücklich nicht nur auf die eigentliche Implementierung des Wissensmanagement-Tools (etwa eines Yellow Pages-Systems) bezieht, sondern sich bereits viel früher ergibt. So kann beispielsweise die interne Unternehmenskommunikation, nicht nur eine der Voraussetzungen für, sondern auch selbst Bestandteil eines erfolgreichen Wissensmanagements sein und ihre drei Funktionen nur dann richtig erfüllen, wenn es die Organisationsstruktur erlaubt. Die Erzeugung, Verteilung und das Teilen von Wissen innerhalb einer Organisation setzt eine vertrauensvolle, faire und kooperative Zusammenarbeit der Mitarbeiter voraus, sowohl zwischen Vorgesetzen und Mitarbeitern als auch unter Kollegen einer Abteilung.

Krankenhäuser sind, wenn es um die Schaffung von Wissensmanagement fördernden Strukturen geht, i.d.R. vor noch größere Herausforderungen und Probleme gestellt als andere Unternehmen, was vor allem an der Besonderheit der „Organisation Krankenhaus" liegt. Die vier klassischen Widersprüche der Organisation Krankenhaus illustrieren dieses Dilemma (Grossmann/Scala, 2002 und Müller 2003).

Der *Widerspruch zwischen Fach- und Professionsorientierung und Organisation.* Dieser ist typisch für sogenannte Expertenorganisationen (neben Krankenhäusern gilt dies z.B. auch für Universitäten) und wird dadurch determiniert, dass die Mitglieder der Organisation ihre Handlungen, Entscheidungen und fachlichen Prioritäten nicht nach den Entwicklungsbedürfnissen der Organisation ausrichten, sondern nach den fachlichen Standards, Werten, Erfolgs- und Karrierekriterien ihrer Profession. Die Organisation soll hierfür lediglich die notwendigen Rahmenbedingungen zur Verfügung stellen. Ein solcher Widerspruch liegt beispielsweise vor, wenn es einem Herzchirurgen wichtiger ist, durch ein neues, hochaufwendiges und kostenintensives Ope-

---

Vergütungsform dann für alle Krankenhäuser verpflichtend. DRGs sind Fallklassifikationssysteme, mit denen Gruppen von Behandlungsfällen gebildet werden, die medizinisch homogen sind und gleichartige Kosten verursachen. Damit kann anhand festgelegter medizinischer und personenbezogener Daten jeder stationäre Behandlungsfall genau einer DRG zugeordnet werden, der wiederum eine zuvor festgelegte, vom individuellen Fall unabhängige und vom einzelnen Krankenhaus nicht zu beeinflussende Vergütungshöhe zugewiesen ist.

111

rationsverfahren sein persönliches Renommee zu verbessern, als auf ein für die gesamte Klinik günstiges Preis-Leistungs-Verhältnis seiner Arbeit zu achten. In diesem Fall entwickelt sich zwar die Medizin weiter, nicht jedoch die Klinik als Organisation.

Der *Widerspruch zwischen Expertenorientierung und Kundensicht.* Dieser ist eine Folge des ersten Widerspruchs und zeigt sich darin, dass Krankenhäuser als Expertenorganisationen zu sehr binnenorientiert sind und deshalb in nur geringem Maße auf Anforderungen aus ihrer Umwelt reagieren. D.h., dass etwa dem zitierten Herzchirurgen das Urteil der Kollegen über seine neue Operationsmethode weitaus wichtiger ist als der augenscheinliche Krankheitsverlauf seiner Patienten. Die fehlende Umweltsensibilität führt in dem Fall nicht nur aus medizinischer Sicht dazu, dass die personenbezogene Dienstleistung (die Operation) schwieriger zu erbringen ist, weil die Rolle des Patienten als Koproduzent für das Ergebnis der Dienstleistung (die Heilung) vernachlässigt wird. Aus organisatorischer Sicht bedeutet es darüber hinaus auch, dass das Krankenhaus freiwillig auf die Sichtweise des Patienten verzichtet und ihm deshalb eine der zentralen Wissensressourcen für die Organisationsentwicklung verloren geht.

Der *Widerspruch zwischen fortschreitender Spezialisierung und gleichzeitig wachsendem Bedarf an fach- und berufsgruppenübergreifender Kooperation.* Dieser bezieht sich auf das bereits an anderer Stelle angesprochene Problem der ausgeprägten Segmentierung nach unterschiedlichen Berufsgruppen im Krankenhaus, die zudem in aller Regel auch noch mit einer ausgeprägten Hierarchie einhergeht. Diese traditionelle Organisationsstruktur in Krankenhäusern wird durch den Trend zur immer weitergehenden Spezialisierung sowie durch den Bedeutungszuwachs neuer Segmente (z.B. Medizintechnik und –informatik) in jüngster Zeit sogar noch forciert. Andererseits erfordern betriebswirtschaftliche Überlegungen und Ziele (z.B. die Einführung von Wissensmanagement) aber genau umgekehrt die Auflösung der horizontalen Segmentierung sowie flache Hierarchien auf vertikaler Ebene, um erfolgreich umgesetzt werden zu können.

Der *Widerspruch zwischen Autonomie der Fachbereiche und Handlungsfähigkeit der Gesamtorganisation.* Dieser ist eng mit dem vorigen Widerspruch verknüpft, wobei sich hierbei vor allem die horizontale Segmentierung von Krankenhäusern als Problem erweist. Die meisten Krankenhäuser bestehen aus mehreren Fachbereichen, Instituten bzw. Kliniken, die z.T. weitgehend unabhängig voneinander arbeiten und oft auch großen Wert auf ihre relative Autonomie legen. Obwohl viele Krankenhäuser auch insgesamt besonders von der Leistung und vom Renommee einer einzigen oder nur weniger ihrer Fachrichtungen profitieren und dementsprechend auch davon abhängig sind, stellt dieses Autonomiebestreben die Gesamtorganisation vor Probleme. Bei der Steuerung und Koordination von fachbereichsübergreifenden Aufgaben kommen solche Probleme immer dann zum Tragen, wenn es entscheidend auf die Zusammenarbeit aller Abteilungen ankommt, wie zum Beispiel bei der Einführung von Wissensmanagement.

Alle aufgeführten Widersprüche können dazu führen, dass es in Krankenhäusern nicht gelingt die für eine Erfolg versprechende Einführung von Wissensmanagement notwendigen Organisationsstrukturen herzustellen.

Die zunehmende Ökonomisierung der Krankenhäuser im Zuge eines immer schärfer werdenden Wettbewerbs und Kostendrucks auch in diesem Wirtschaftssektor führt zu einer Verschiebung – zumindest jedoch zu einer Ergänzung – in den Prioritäten der Unternehmensziele von Krankenhäusern. Neben der (Qualität der) medizinischen Leistungserbringung treten heute die Ziele Wirtschaftlichkeit und Patienten-, also Kundenorientierung immer mehr in den Vordergrund. Und diese Veränderungen in den Unternehmenszielen der Krankenhäuser haben wiederum häufig auch Rückwirkungen auf die oben skizzierte Organisationsstruktur: Es kommt zu Verlagerungen in der Aufgaben-, Verantwortungs- und Kompetenzverteilung zwischen den Berufsgruppen. Eine Konsequenz kann z.B. sein, dass sich die Aufgabenbereiche der Verwaltung ausdehnen – etwa vom rein administrativen Handeln unter ärztlicher Leitung hin zu einem betriebswirtschaftlich orientierten, nach Qualitätsstandards operierenden und auf die Patientenzufriedenheit hin ausgerichteten Gesamtmanagement des Krankenhauses – und damit die Stellung des Verwaltungsleiters gegenüber dem Ärztlichen- und Pflegedienstleiter gestärkt wird.

7.4.1 Besonderheiten in der psychiatrischen Versorgung

In der psychiatrischen Behandlung basiert, wie auch in der Somatik, die Finanzierung im Wesentlichen auf Grundlage der Pflegesatzverhandlungen. Zu berücksichtigen sind hier die Bundespflegesatzverordnung (BPflV), das Krankenhausfinanzierungsgesetz (KHG), das SGB V und die PsychPV. Die PsychPV ist als zwingendes Instrument in der Personalbemessung anzusehen. Sie gilt ausschließlich für die Berufsgruppen: Ärzte, Krankenpflegepersonal, Diplompsychologe, Ergotherapeuten, Bewegungstherapeuten, Krankengymnasten, Physiotherapeuten, Sozialarbeiter und Sozialpädagogen. Die geplanten Bestimmungen zur Personalbemessung für weiteres Fachpersonal, wie z.b. für den medizinisch-technischen Dienst, den Funktionsdienst, die Verwaltungs- und Wirtschaftspersonal wurden in Anbetracht der zukünftigen DRG-Finanzierung nicht weitergeführt. In den Minutenwerten der PsychPV sind keine Ausfallzeiten enthalten, sie werden gesondert für jede Berufsgruppe unter der Zugrundelegung einer „angemessenen Arbeitsorganisation" vereinbart. Die Verhandlungen der Pflegesätze werden auf Grund von mindestens vier Stichtagserhebungen, die voraussichtliche, durchschnittliche Zahl der Patienten in den jeweiligen Behandlungsbereichen zu Grunde legt, berechnet. Die PsychPV gilt nicht für forensische Abteilungen. Hier sind die Kostenträger die Justizministerien, also Bund und Länder. Die derzeitige Belegungssituation, besonders im Bereich der Forensik führt häufig zu Personalengpässen und einer verstärkten Übernahme von forensischen Patienten in die Allgemein-Psychiatrie. Diese Tatsachen machen deutlich, dass die Probleme in der Psychiatrie im Wesentlichen denen in der Somatik entsprechen. Es herrscht ein wachsender Personalbedarf, und es wird eine Veränderung in der Finanzierung in Richtung Fallpauschalen geben. Auch in anderen Staaten, die auf diese Finanzierungsform umgestellt haben, finden die DRGs in der Psychiatrie Anwendung. In Bezug auf Wissensmanagement bedeutet dies einen erhöhten Bedarf an effizienter Arbeitsorganisation, mit dem entsprechenden Personaleinsatz. Rasches Auffinden von Daten, sowie der Einsatz von entsprechend qualifiziertem Personal an der richtigen Stelle und zum richtigen Zeitpunkt wird daher zukünftig eine besondere Rolle spielen.

7.4.2 Spezifische Probleme im Wissensmanagement der Klinik

In Kliniken ist viel implizites Wissen vorhanden, doch keiner weiß wo. Deshalb soll mit der Hilfe von Datenbanken dieses Wissen expliziert werden. Durch hohe Fluktuation und Personalnot geht Erfahrungswissen schnell und nachhaltig verloren, diese

Tatsache wird in den nächsten Jahren, zum einen durch die demographische Entwicklung und zum anderen durch einen Mangel an qualifizierten Fachkräften an Bedeutung gewinnen.

Die Initiative zum Projekt ging von Mitgliedern des Personalrates aus. Die Betriebsleitung hatte zunächst nicht den Nutzen eines solchen Projektes gesehen und erkannt. Deshalb wurde das Projekt auch in der Anfangsphase nicht aktiv von der Unternehmensleitung begleitet und unterstützt. Es wurde jedoch ein Mitarbeiter des Hauses als Projektmanager zu 25% seiner Arbeitszeit für das Projekt von der Stationsarbeit freigestellt. Er ist Krankenpfleger mit einer Zusatzqualifikation als Projektmanager. Nach der anfänglich sehr zögerlichen Genehmigung des Projektes durch die Betriebsleitung wurde auch im Hause durch die Mitglieder der Arbeitsgruppe das Projekt zunächst zurückhaltend angenommen. Die regelmäßigen Projektsitzungen vor Ort wurden durch Raumsuche, etc. immer wieder zurück geworfen. Dies ist bei einem limitierten Zeitfaktor in einem Projekt ein erhebliches Problem.

Ein wichtiger Schritt war der Besuch der Gruppe auf den Stationen mit dem Ziel, Interviewpartner zu finden. Hier wurde die Projektgruppe stets freundlich und oft neugierig aufgenommen. Die Suche nach den Interviewpartnern war erstaunlich einfach. Die Mitarbeiter fanden die persönliche Ansprache vermutlich angenehm und konnten sofort, unmittelbar und ohne Berührungsängste Rückfragen stellen. Trotz aller Aktivitäten vom Team wurde in der Befragung deutlich, das viele Mitarbeiter über das Projekt im Hause nicht informiert waren. Dies ist unserer Ansicht nach auf die geringe Information und die nur sporadische Präsenz des Projektleiters, bedingt durch viele Nachtdienste, zurückzuführen. Durch eine für alle Mitarbeiter angebotene Kick-off Veranstaltung konnte diese Situation erheblich verbessert werden. Es gab viele positive Rückmeldungen der Beschäftigten, die beispielsweise den Nutzen von Wissensmanagement in ihrer Klinik nachvollziehen konnten.

7.4.3 Die Ergebnisse der Befragung

Die Befragung fand vor Ort in der Klinik statt, um den Beschäftigten zusätzliche Wege und Zeiten zu ersparen. Es wurden insgesamt 12 leitfadengestützte Interviews mit Mitarbeiter/innen aus verschiedenen Berufsgruppen und Hierarchieebenen geführt, die folgende Schwerpunkte hatten:

- Verständnis von Wissensmanagement und Wissensgenerierung im WZfPP
- Anwendungsbereiche
- Wissensverteilung und Nutzen
- Wissensquellen
- Kooperation
- Erfolgskritische Faktoren
- Kommunikations- und Informationsmedien

In den Interviews wurden verschiedene Problembereiche immer wieder thematisiert, die wir bei der Auswertung zu folgenden Kategorien zusammengefasst haben:

- Bekanntheitsgrad des Projektes
- Verständnis der Mitarbeiter von Wissensmanagement
- Persönliche Bereitschaft Daten / Skills zur Verfügung zu stellen
- Allgemeine Probleme
- EDV-Ausstattung
- Grundlagen der Behandlung und Betreuung
- Psychologische und medizinische Diagnostik
- Grundlagen der Organisation
- Kommunikations- und Informationsmedien

Im Folgenden werden die Ergebnisse detailliert dargestellt.

Bekanntheitsgrad des Projektes: Das Projekt war nach Ansicht der Beschäftigten in der Anfangsphase nur wenig im Unternehmen bekannt. Dieser Problematik konnte dann durch Informationen in der Klinikzeitung „Einblick" und durch einen, vom Projektteam durchgeführten Informationsworkshop in der Klinik entgegen gewirkt werden.

Verständnis von Wissensmanagement der Mitarbeiter: Bei der Frage nach dem Verständnis von Wissensmanagement reicht die Bandbreite der Aussagen der Mitarbeiter von da „habe ich mir eigentlich noch keine Gedanken drum gemacht und vom Thema Wissensmanagement höre ich jetzt so auch zum ersten Mal. Das Wort ist mir bisher nicht bekannt" bis ich „kenne den Begriff; finde die Idee Wissensmanagement hier im Haus umzusetzen sehr interessant und unterstütze das auch". Wenn durch die Einführung von Wissensmanagement alle für die Mitarbeiter relevanten Informationen im Intranet verfügbar wären, würde das als große Hilfe betrachtet. Viele Mitarbeiter verbanden mit Wissensmanagement auch die – zum Teil sicherlich etwas übertriebene – Vorstellung bzw. Hoffung einer nahezu ubiquitären Verfügbarkeit aller für sie wichtigen Daten und Informationen.

Persönliche Bereitschaft Daten / Skills zur Verfügung zu stellen: Der überwiegende Teil der Befragten konnte sich gut vorstellen, Angaben über Hobbys, aber auch über Kenntnisse in fachlichen Spezialgebieten, wie zum Beispiel Entspannungstherapie oder Therapie bei Angststörungen und Fremdsprachenkenntnisse, in die Datenbank einzustellen. Nur persönliche, bzw. personenbezogene Daten (Geburtstage, Anschriften, Telefonnummern) sollten nach einhelliger Meinung aller Interviewten nicht in der Datenbank veröffentlicht werden.

Allgemeine Probleme (z.B. Zeitmangel, etc.): Die Arbeitsorganisation war in den Aussagen aller Befragten ein wichtiges Thema. Zum Beispiel wurde geäußert: „Um im Alltag die Arbeit zügig zu schaffen muss man schon gut organisiert sein und die Kollegen gemäß ihren Fähigkeiten einsetzen." Aber auch die Frage nach der Notwendigkeit von Besprechungen und die stringente Durchführung von Sitzungen wurden im Zusammenhang mit einer effizienten Organisationsstruktur thematisiert. „Es gibt natürlich noch die ganzen Besprechungen, aber es ist schwer zu sagen was dabei dann wirklich an Informationen hängen bleibt. Ich denke einfach, es gibt hier schon ein paar Besprechungen zu viel. Der Zeitaufwand dafür ist im Vergleich zum Nutzen einfach zu hoch. Es gibt aber natürlich auch Kollegen hier, die gerne ständig in irgendwelchen Besprechungen sitzen." Auch hier könnte eine Informationsdatenbank eine unterstützende Funktion haben, und zwar in Hinblick auf die Verbindung der beiden Ziele effizientes Zeitmanagement bei gleichzeitig erforderlicher und erwünschter umfassender Information. Sie bietet nämlich eine einfache Möglichkeit, Information über die Ergebnisse von Besprechungen (z.B. in Form von Protokollen) auch denjenigen zur Verfügung zu stellen, die nicht daran teilgenommen haben.

Viele Mitarbeiter (besonders Ärzte) zeigten sich aus Zeitgründen jedoch nicht bereit bzw. sahen sich nicht in der Lage dazu die Daten selbst ins Intranet einzupflegen. Hier bliebe also in jedem Fall noch die Frage der Zuständigkeit für derartige Dokumentationsaufgaben zu klären.

EDV-Ausstattung (Umgang, Kenntnisse, Probleme, etc.): Die Fähigkeit der Beschäftigten mit dem PC umzugehen unterliegt einer großen Bandbreite, aber auch die Tatsache, dass nicht in jedem Bereich Rechner vorhanden sind, bzw. nicht jeder Mitarbeiter die gleichen Zugangsmöglichkeiten zu Intra- und Internet besitzt, lässt eine Gleichmäßigkeit im Umgang mit dem Medium Technik nicht zu. Allgemein wurde konstatiert: „Manche kennen sich überhaupt nicht aus, das gibt's auch noch. Die meisten haben aber schon mindestens ein bisschen Peilung. Und dann gibt es auch noch zwei, drei, da weiß man schon, dass die mehr Peilung haben, da weiß man schon, dass man die fragen kann, wenn man mal irgendein Problem hat." Es kommt auch häufig vor „das KollegInnen bei mir oben auf der Station anrufen, weil sie mit ihrem PC nicht klarkommen". Die Mitarbeiter wissen nicht wo die zum Teil bereits vorhandenen Daten zu finden sind und wo man sie dann abruft. Denn das Laufwerk P, auf dem derzeit schon eine kleine Datenbank existiert, ist nur wenig bekannt. Allgemein ist zu sagen, dass es auf Grund von hierarchischen Strukturen nicht nur Unterschiede in der Computerausstattung gibt, sondern darüber hinaus auch klare Grenzen in der Nutzung des Intra- und Internets gibt. Die hierarchisch höherrangigen Mitglieder der Organisation haben in der Regel einen PC incl. Zugang zum Internet. Bei der Berufsgruppe der Pflegenden, hingegen, gehört der Umgang mit dem Computer noch nicht selbstverständlich zum Arbeitsalltag. Als Gründe hierfür können neben technischen Problemen (so ist z.B. auf den Stationen die Anmeldung eines anderen Mitarbeiters am PC immer mit dem vorherigen Herunterfahren und anschließendem Neustart des Computers verbunden, was unnötig Zeit kostet) vor allem die fehlende PC-Erfahrung der Mitarbeiter aber auch die Arbeitsbedingungen auf den Stationen genannt werden.

Die Antworten auf die Frage welche Informationen konkret verfügbar sein sollten, ließen ein deutliches Defizit bzw. einen noch großen vorhandenen Informationsbedarf in verschieden fachlichen Bereichen erkennen.

Im Einzelnen wurden folgende Vorschläge bezüglich des Intranetangebots gemacht:

Grundlagen der Behandlung und Betreuung: Es wurde häufig genannt, dass Informationen über Krankheitsbilder, Therapien, Medikamente (Rote Liste) im Intranet verfügbar gemacht werden sollen. „Hier wäre zum Beispiel ein Psychiatrisches Lehrbuch im Netz gut." Aber auch die Bereitstellung der entsprechenden Gesetzestexte im

Zusammenhang mit der forensischen Behandlung wurden als hilfreich angesehen. Neue Erkenntnisse aus dem Bereich der Forschung, auch aus anderen Kliniken und Hindergrundwissen, wie Erkenntnisse in der Sturzprophylaxe bezogen auf die Gerontopsychiatrie (wie beispielsweise der Nationale Standard zur Sturzprophylaxe), wurden von einigen Befragten als sinnvolle Information im Intranet benannt. Ein weiteres Thema war die Verfügbarkeit aktueller Formulare im Netz. Dabei ging es im Besonderen um Entlassungsbriefe oder um die Kommunikation mit der Krankenkasse bei Verlängerungsanträgen. In einigen Fällen sind bereits selbst erstellte Listen, wie Betreuerlisten, in den Abteilungen verfügbar. Auch die elektronische Patientenakte wurde als eine gute Möglichkeit zur Vereinfachung der Arbeit und Verbesserung der Transparenz der Kommunikation mit den Berufsgruppen angesehen.

Psychologische und medizinische Diagnostik: Der Bereich der Diagnostik ist in die psychologische und die medizinische Diagnostik zu unterteilen. Es wurde als notwendig und praktisch angesehen, wenn die im Hause verfügbaren psychologischen Testverfahren im Intranet abzufragen wären. Auch der Umgang mit dem medizinischen Labor der Nachbarklinik wurde im Hinblick auf die Verbesserung der Administration und des Datentransfers thematisiert.

Grundlagen der Organisation: Ein großer Schwerpunkt in den Berichten der Interviewpartner war die Organisation und Administration der Klinik. Hier wurden als derzeitige Probleme, die mit Hilfe der Informationsdatenbank zu lösen sind, zum Beispiel genannt: Unklarheit über Sprechstundenzeiten, Urlaubszeiten von Ärzten für den Fall, dass es Anfragen von außen gibt. Aber auch die Verfügbarkeit von aktuellen Telefonnummern und Reisebeschreibungen über Routenplaner wurde als notwendig angesehen. Außerdem sind aktuelle Informationen über laufende Projekte im Hause erwünscht.

Kommunikations- und Informationsmedien: In einer zusätzlichen geschlossenen Frage wurde die Nutzung der Kommunikations- und Informationsmedien abgefragt. Das wohl meist genutzte Informations- und Kommunikationsmedium ist das Telefon in der Klinik. Außerdem wurde hier deutlich, dass sogenannte Tür- und- Angelgespräche eine wesentliche Rolle im Klinikalltag für den Informationsaustausch spielen. Da es sich hierbei jedoch um ein informelles und auch eher zufälliges Kommunikationsmedium handelt, ist die Bedeutung solcher Gespräche eher skeptisch zu beurteilen.

Allerdings wird auch der formelle Informationsaustausch, etwa mittels Konferenzen und Rundschreiben, als wichtiges und häufig benutztes Informations- und Kommunikationsmedium beschrieben. Auf die Probleme, die in diesem Zusammenhang entstehen können wurde bereits hingewiesen.

Im Gegensatz zur Klinikzeitung „Einblick", welches erstaunlicherweise als Medium im Haus selbst eher selten genutzt wird, ist die Zeitschrift des Personalrates, die „Schlossparkklinik", eine von den Mitarbeitern häufig bis sehr häufig genutzte Informationsquelle. Die Nutzung des Intra- und Internets ist allein auf Grund der unterschiedlichen Zugangsmöglichkeiten unter den Beschäftigten (siehe oben) sehr uneinheitlich verteilt. Insgesamt fällt es in die Kategorie „gelegentlich genutztes Medium". Zeitschriften werden ebenfalls sehr unterschiedlich stark genutzt, auch hier stellte sich ein ambivalentes Bild je nach Position und/oder Berufsgruppe dar.

7.4.4 Stolpersteine und Erfolg des Projektes

Durch sehr komplizierte Entscheidungsstrukturen stellen sich schnelle Entscheidungen, Terminabsprachen und Informationsanfragen als Organisationshemmnisse dar. Das Vorankommen im Projekt wurde so häufig zu einem Geduldsspiel. Durch die Anbindung an einen zentralen Trägerverbund waren zum Beispiel im Bereich der Technik und EDV die Verantwortlichkeiten unklar. Deshalb war es schon ein schwieriges Unterfangen, die Systemvoraussetzungen der Klinik zu klären. Der Projektleiter war nicht regelmäßig für das Projektteam ansprechbar, da er viel im Schichtdienst bzw. Nachtdienst gearbeitet hat. Diese Konstellation hat ebenfalls zu zeitlichen Verzögerungen geführt.

Die Beweggründe respektive das Engagement für die Beteiligung am Projekt von Seiten der Betriebsleitung waren lange Zeit unklar und haben zunächst nicht unterstützend gewirkt. In Kliniken und auch in der Projektklinik gibt es tradierte, spezifische Machtstrukturen, zusätzlich müssen verschiedene Berufsgruppen mit unterschiedlichen Qualifikationen und Bedarfen Berücksichtigung finden.

Der wichtigste Aspekt für den Nutzen der Organisation im Zusammenhang von Wissensmanagement ist die Übertragung des Erfahrungswissens der Mitarbeiter auf das Unternehmen. Da mit deren implizitem Wissen oftmals eine Zeitersparnis beim Suchen und Auffinden von Informationen in der Klinik verbunden ist. Außerdem ist über eine Datenbank die Aktualität von Formularen und Gesetzestexten jederzeit gewährleistet, sofern diese regelmäßig gepflegt wird. Insgesamt wird in der Klinik die Einrichtung bzw. der Ausbau der Informationsdatenbank einhellig positiv bewertet. Besonders hinsichtlich spezieller Informationen, wie aus dem Bereich der Somatik und anderen Fachbereichen, „die nur am Rande eine Rolle spielen oder selten vorkommen", erhofft man sich einen hohen Nutzen von der Datenbank. So könne man mit ihrer Hilfe „mal schnell auf Dinge zugreifen", wie Notfallmanagement, Diabetes Therapie und forensische Behandlung.

Die Frage der Relevanz des Wissens der Mitarbeiter über die berufliche Qualifikation hinaus, war auch Thema der Aussagen. Und zwar in erster Linie dahingehend, dass sich die Mitarbeiter nicht vorstellen konnten, dass ihr spezielles Wissen eine Bedeutsamkeit für die Klinik haben könnte. Trotzdem gibt es auf einigen Gebieten bereits ausgewiesene Experten im Haus, deren Wissen zum Teil auch schon bekannt ist und genutzt wird.

Als Beispiele für Expertenwissen in der Klinik sind zu nennen:

- Spezialisten für eine Deeskalationstechnik, bei Gewaltübergriffen von Patienten.
- Sprachkenntnisse
- Spezielle Pflegetechniken
- Spezielles ärztliches Fachwissen
- EDV Know-how

Darüber hinaus sind auch Experten außerhalb der Klinik von Bedeutung. Externer Beratungsbedarf besteht aus Sicht der Befragten z.B. im Zusammenhang mit:

- Der Koordinationsstelle für Psychiatrie
- Niedergelassenen Haus- und Fachärzten
- Betreuern
- Psychologen
- Selbsthilfegruppen
- Beratungsstellen bei Kommunen und Verbänden

Die Realisierung der Informationsdatenbank zeichnet sich zum Zeitpunkt dieser Niederschrift ab, wenn dies auch nicht mehr im ursprünglich vorgesehenen Zeitrahmen möglich sein wird. Eine zu Beginn des Projektes einmal angedachte spätere Ausweitung der Datenbank in Richtung erweiterter Skill-Datenbank schätzen wir aus heutiger Sicht jedoch als eher unwahrscheinlich ein. Darauf deutet nicht nur die Skepsis aller Befragten hinsichtlich einer Veröffentlichung personenbezogener Daten hin, sondern auch die fehlende Bereitschaft und/oder Fähigkeit die technische Lösung der Datenbank mit den notwendigen organisationalen Veränderungen zu flankieren.

8 Voraussetzungen für Wissensmanagement

Das Hauptziel im betrieblichen Umgang mit Wissensmanagement ist eine neue Organisation von Arbeit, die Förderung und Freisetzung zusätzlicher Arbeits- und Leistungspotenziale der Mitarbeiter durch einen erweiterten Zugriff auf bisher kaum systematisch genutzte Potenziale von Erfahrungswissen und gleichzeitig sollen Innovation und Kreativität ermöglicht werden. Dies macht es jedoch erforderlich, dass Unternehmen neben den betriebswirtschaftlichen und informationstechnischen Bedingungen auch eine Strategie der persönlichen Verantwortung mit dem Umgang von Informationen und Wissen für ihre Mitarbeiter entwickeln. Der Umgang mit Informationen und Wissen muss als Kompetenz vom Individuum aber erst erworben (erlernt) werden. Zentrales Merkmal eigenverantwortlichen Lernens ist die eigenverantwortliche Zielsetzung und die eigenverantwortliche Evaluation, mit der überprüft wird, ob und wie man das Ziel erreicht hat (v. Rosenstil/Honecker 1994). Diese Kompetenz lässt sich jedoch nicht mit einfachen Trainingskonzepten erwerben. Entscheidend ist auch eine aufgeschlossene Haltung gegenüber Wissen, Wissenserwerb und Wissenstransfer. Viele Weiterbildungsmaßnahmen können dies jedoch nicht leisten und interdisziplinäre Weiterbildungsmodule zum Wissensmanagement werden in der Praxis kaum angeboten[43].

Weitere Interviews mit den Nutzern der Datenbanken lassen auch erkennen, dass bei aller konzeptionellen Euphorie doch ein Unbehagen auftritt. Dieses ist an den Begriff Wissensmanagement gekoppelt. Vor allem im mittleren Management werden zu Recht Fragen nach dem Gesamtkonzept gestellt. In den Gesprächen wird deutlich, dass weiterhin Klärungsbedarf besteht. Dabei stehen folgende Fragen im Vordergrund: Was ist Wissensmanagement? Warum braucht man es überhaupt? Was hat der einzelne Mitarbeiter damit zu tun? Auch die Hoffnung vieler Führungskräfte, dass es ein Rezeptbuch zur Planung von Wissensmanagement oder einen Methodenkoffer für die Umsetzung von Organisationsmaßnahmen gibt, hat sich nicht erfüllt und wird sich wohl auch nicht erfüllen.

---

[43] Vgl. Arbeitsgruppe Bochumer Modell – Unternehmensplanspiel Wissensmanagement – Planspiele sind keine Spielerei. www.planspiel-wissen.de und Mandl/Winkler 2002.

Werden die bisherigen Überlegungen zusammengefasst, so lassen sich folgende erfolgskritische Faktoren für Wissensmanagement bestimmen, die jedoch weiterer Untersuchungen bedürfen: Organisationsstruktur, Vertrauen, Motivation und Technik.

8.1 Organisationsstruktur

Für die Erzeugung neuen Wissens bedarf es eines Ortes, an dem kollektives Lernen möglich ist, d.h. kleine Gruppen, ohne große Machtdifferenzen mit Metakommunikation, die – wenn nötig und möglich – in Form der überlappenden Gruppen organisiert sind (vgl. Wilkesmann/Rascher 2003). Für die Implementation einer Datenbank – zur Speicherung und Zugänglichkeit von neuem Wissen – ist eine Projektorganisationsstruktur notwendig, damit die späteren Nutzer an der Entwicklung und Implementation der Datenbank beteiligt werden. Andernfalls wird die Datenbank nicht den Bedürfnissen der Nutzer entsprechen, und die Datenbank wird zu einem Datenfriedhof. Es reicht also keineswegs aus, nur eine entsprechende technische Infrastruktur aufzubauen. Nur weil es eine Datenbank gibt, sind die Mitarbeiter keineswegs bereit, diese zu nutzen und ihre Daten zu teilen. Entweder können sie mit der Struktur und den Daten in der Datenbank nichts anfangen, weil sie nicht an der Entwicklung beteiligt wurden. Die Form der abgelegten Daten entspricht dann manchmal auch nicht den Rezeptionsgewohnheiten der Nutzer. Oder die Mitarbeiter sehen nicht die Notwendigkeit ein, warum sie überhaupt Wissen teilen und generieren sollen.

8.2 Vertrauen

Die Teilung von Wissen (bzw. Daten) setzt das Vertrauen voraus, dass die Kollegen mich nicht übervorteilen, sondern ebenfalls ihr Wissen mit mir teilen. Eine mögliche Lösung des Vertrauensproblems besteht in der Unternehmenskultur: Nur wenn die Interaktionsprozesse schon in eine Vertrauenskultur eingebettet sind, kann dies auch bei einer Datenbank funktionieren. Wenn z.B. kooperative Arbeitsformen in einem Unternehmen ausgeprägt sind und eine entsprechende Unternehmenskultur dies stützt, werden Informationen bereitwillig weitergegeben. Ein Gegenbeispiel aus unserem Projekt verdeutlicht die Bedeutung einer Vertrauenskultur: Bei der Einführung der Skill-Datenbank in dem oben beschriebenen Krankenhaus trat das Vertrauensproblem auf. Jede Station soll schnell herausfinden können, welche Mitarbeiterin zu welchem Thema kompetent ist und bei entsprechenden Problemen auf der eigenen Station diese Person um Hilfe bitten. Aus der Geschichte dieser sehr ausgeprägt hierarchischen Organisation heraus entwickeln die Pflegekräfte aber großes Misstrauen gegenüber einer solchen Skill-Datenbank. Sie haben immer wieder erfahren, dass solche Instrumente von der Pflegeleitung bzw. den Chefärzten als Kontrollinstrumente benutzt wurden. Dies fürchten sie auch jetzt: Die Pflegeleitung könnte die Skill-Datenbank als Überwachungsinstrument für die Qualifikationen und Weiterqualifikationen der Pflegekräfte benutzen. Auch wenn die personengebundenen Daten von den jeweiligen Personen selbst in die Skill-Datenbank gestellt werden sollen, ist dies keine günstige Voraussetzung für ein funktionierendes Wissensmanagement-Tool.

8.3 Motivation

Eine weitere wichtige Voraussetzung, besonders bei der Speicherung von Daten in Dienstleistungsdatenbanken, aber auch bei der Generierung neuen Wissens, stellt die Motivation dar. Sie ist notwendig, um das Gefangenendilemma zu überwinden. Grundsätzlich sind zwei Formen denkbar: intrinsische Motivation und extrinsische Anreize, und beide sind notwendig. Bei der Generierung neuen Wissens in der Face-to-face-Situation steht die intrinsische Motivation im Vordergrund. Von außen ist z.B. der Beitrag jedes Projektgruppenmitglieds zum Projektgruppenergebnis nicht beobachtbar. Aus diesem Grunde kann es auch nicht von außen mit extrinsischen Anreizen unterstützt werden. Die Belohnung ist an ein beobachtbares Kriterium gebunden. Außerdem ist nicht nur der individuelle Input in die Projektgruppe für das Ergebnis relevant, sondern auch die Prozessvariable. Die Interaktion und das „Zusammenspiel" in der Gruppe sind ebenso wichtig und nicht für selektive Anreize quantifizierbar. Neben der intrinsischen Motivation spielt häufig in Projektgruppen eine diffuse Karriereerwartung als Motivationsmittel für das Engagement eine Rolle (Wilkesmann 2000a). Inwieweit intrinsische und extrinsische Motivation bei der Eingabe von Daten in Datenbanken notwendig sind wurde bereits dargestellt.

8.4 Technik

Der Begriff Technik bezieht sich zum einen auf Moderations- und Kommunikationstechniken und zum anderen auf elektronische Unterstützungsmedien. Bei der Generierung von Wissen in Face-to-face-Situationen sind im weiteren Sinne auch „Techniken" notwendig: Es müssen von den Teilnehmern Techniken der Moderation und Konfliktbewältigung beherrscht werden – ebenso Techniken der Wissenserzeugung und -verortung (z.B. Wissenslandkarten). Dies sind aber ebenso nur Hilfsmittel, wie die Hard- und Software bei Datenbanken. Allerdings muss die Technik soweit ausgereift sein, dass sie die Hilfsfunktion auch übernehmen kann. Stürzt z.B. das System der Datenbank ständig ab oder existiert keine differenzierte Suchfunktion, dann wird es von den Mitarbeitern kaum genutzt werden. Es werden auf dem Markt mittlerweile sehr viele verschiedene technische Lösungen angeboten, die – mehr oder weniger – alle Unterstützungsfunktionen, die man sich denken kann, auch technisch umgesetzt haben. Auch hier gilt wieder: Die späteren Nutzer sollten mitentscheiden können, welche technischen Voraussetzungen sinnvoll bzw. für ihre Arbeit unbedingt notwendig sind. Die Auswahl der technischen Plattform sollte sich an diesen Bedürfnissen orientieren.

9 Wissensmanagement in Dienstleistung und Industrie

9.1 Einleitung

Als erfolgskritische Faktoren für das Wissensmanagement werden die Organisationsstruktur, Vertrauen, Motivation und der Umgang mit der Technik festgestellt. Zunächst sollen in einem weiteren Schritt diese Ergebnisse mit einer Befragung abgeglichen werden. Dazu wurde eine Untersuchung zum Wissensmanagement in Dienstleistung und Industrie in Form einer Papierbefragung bei 500 großen Unternehmen durchgeführt. Die Ergebnisse werden im Folgenden kurz dargestellt. Die Anzahl der Studien zu diesem Thema hat in der letzten Zeit stark zugenommen. Dies ist als Hinweis zu verstehen, dass die meisten Unternehmen nicht mehr über Wissensmanagement diskutieren, sondern die Relevanz der Thematik erkannt haben und ihrerseits verstärkt mit dem Aufbau geeigneter Wissensmanagementkonzepte beschäftigt sind. Da die Studien in aller Regel auf der Grundlage von Befragungen der Unternehmensführung bzw. der Personalverantwortlichen durchgeführt wurden, ergibt sich dadurch eine weitgehend einseitige Sichtweise. Die Ergebnisse der vorliegenden Befragung, die im Rahmen des Projektes erstellt wurde, haben deshalb bewusst die Einschätzungen der Betriebs- und Personalräte abgefragt. Der Fragebogen richtete sich direkt an den Betriebs- oder Personalrat der angeschriebenen 500 Unternehmen.

Ziel dieser Studie ist es, den Stand und die Perspektiven von Wissensmanagement in großen Unternehmen in Deutschland zu untersuchen und die Sicht der Betriebs- und Personalräte in den Vordergrund zu stellen. Dabei standen folgende Fragestellungen im Fokus der Untersuchung:

- Sind die Organisationsstrukturen in Unternehmen geeignet, Wissen transparent zu machen?

- Welche Ansätze gibt es zur Nutzung des Wissens im Unternehmen?

- Wie wird das Klima zur Weitergabe von Wissen im Unternehmen beurteilt?

- Werden der Betriebs-/Personalrat und die Mitarbeiter bei der Einführung und Begleitung von Informations- und Wissensdatenbanken mit einbezogen?

- Welche Abteilungen sind für die Einführung dieser Assistenzsysteme verantwortlich?

- Gibt es Anreizsysteme?

- Welches sind häufige Fehler, die bei der Einführung gemacht werden?

9.2 Ergebnisse der Studie

Von Ende Oktober bis Anfang November 2001 wurde ein Fragebogen mit 13 Fragen an 500 Unternehmen verschiedener Branchen in Deutschland verschickt. Es wurden 500 große Unternehmen aus der Unternehmensdatenbank der Firma Hoppenstedt, Stand Oktober/November 2001 ausgewählt und die Fragebögen direkt an den Betriebsrat oder Personalrat[44] versandt. Die Betriebsräte wurden mit dieser Befragung direkt als Institution angesprochen und gebeten die Fragen im Gremium zu diskutieren und die Einstellung des Betriebsrates zu den Fragen wiederzugeben.

Rückgemeldet wurden 131 Bögen, entsprechend 26,20%, davon 37 mit dem Hinweis, dass keine Angaben gemacht werden können, da es im Unternehmen keine Aktivitäten zu Thema Wissensmanagement gibt. Es verblieben 96 auswertbare Fragebögen, 19,20%.

Verteilt auf die einzelnen Branchen ergibt sich folgendes Bild. Mit 53,13% kommen die meisten Unternehmen aus der Industrie, gefolgt von den Dienstleistungen 26,04% und dem Öffentlichen Dienst mit 9,38%. Schlusslicht ist der Handel mit 7,29% (Abb. 32).

---

[44] Die Verwendung der Begriffe Personal- und Betriebsrat erfolgt in der Auswertung synonym.

128

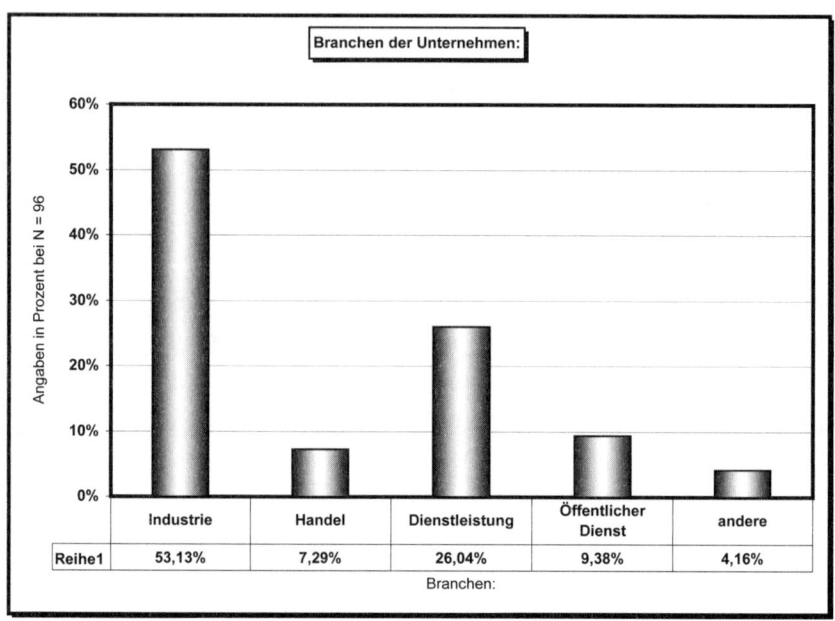

Abb. 32: Branchen der beteiligten Unternehmen

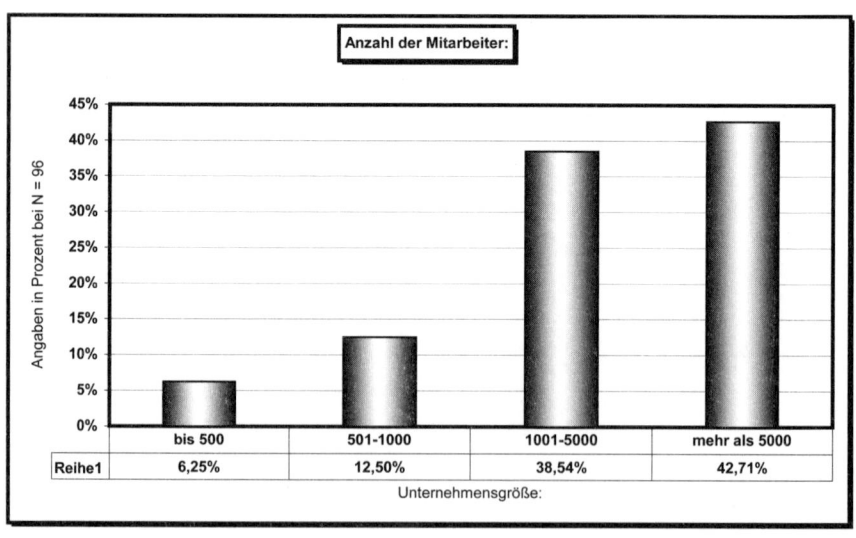

Abb. 33: Anzahl der Mitarbeiter

Von den beteiligten Unternehmen haben 42,71% mehr als 5000 Mitarbeiter, 38,54% 1001-5000 Mitarbeiter, 12,50% 501-1000 Mitarbeiter und 6,25% weniger als 500 Mitarbeiter (Abb. 33). Die Anzahl der Mitarbeiter, der befragten Unternehmen verteilte sich auf die einzelnen Branchen wie folgt:

	Anzahl der Mitarbeiter im Unternehmen			
Branche	bis 500	501-1000	1001-5000	mehr als 5000
Industrie	33,33%	33,33%	62,16%	53,66%
Handel	0%	8,33%	10,81%	4,88%
Dienstleistung	33,33%	16,67%	16,22%	36,58%
Öffentlicher Dienst	16,67%	16,67%	10,81%	2,44%
andere	16,67%	16,67%	0%	2,44%
Summe	100%	100%	100%	100%

Tab. 12: Anzahl der Mitarbeiter verteilt auf Branchen

9.3 Bedeutung und Entwicklungsstand

Betriebs- und Personalräte wurden in 55,79% der Fälle bei der Implementierung von Wissensmanagementsystemen beteiligt. Die späteren Nutzer (Mitarbeiter) werden jedoch nur zu 36,17% beteiligt (Abb. 34, 35, 36, 37).

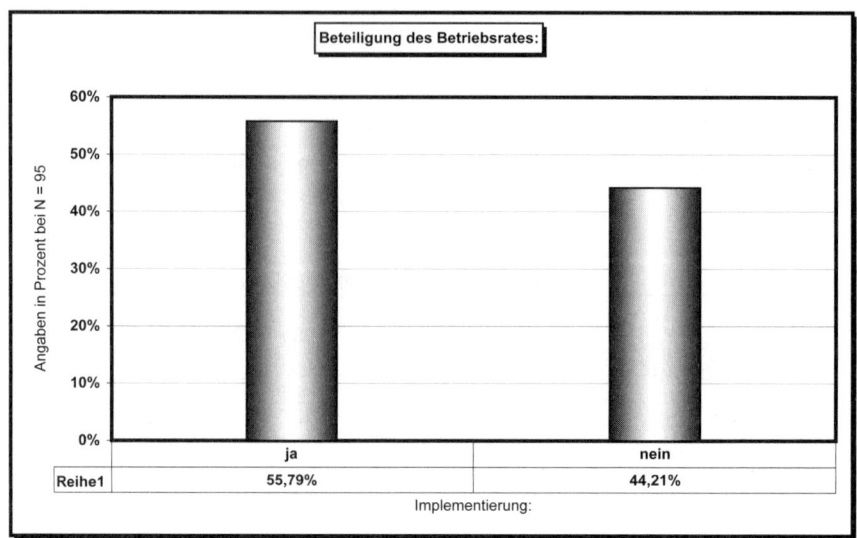

Abb. 34: Beteiligung des Betriebsrates

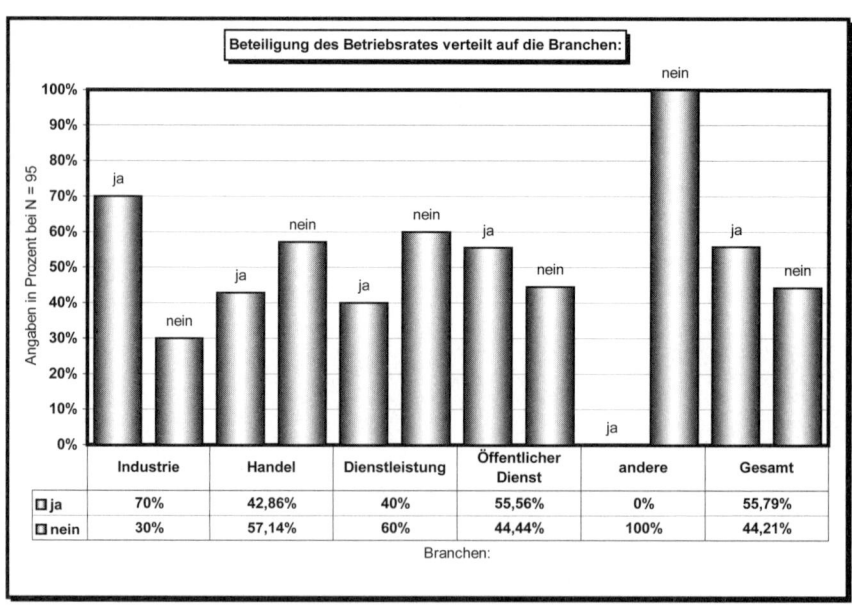

Abb. 35: Branchenspezifische Beteiligung des Betriebs- und Personalrates

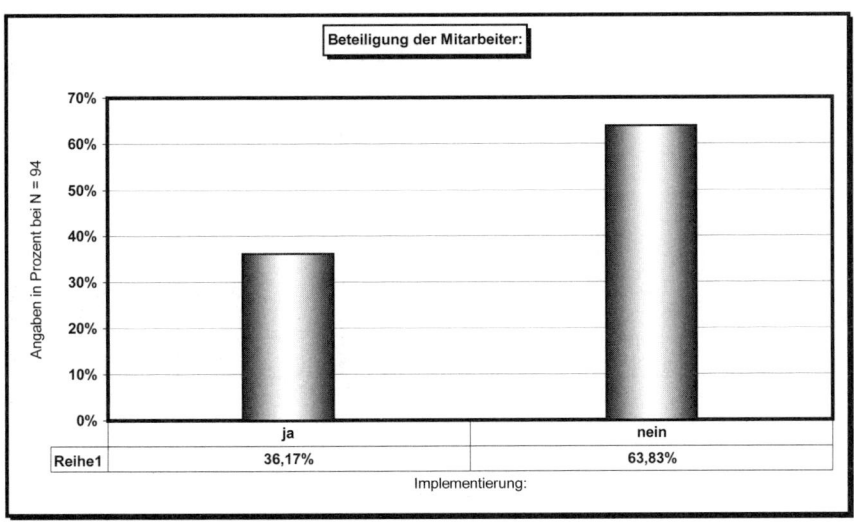

Abb. 36: Beteiligung der Mitarbeiter

Als Initiator von Wissensmanagement ist die Geschäftsleitung mit 61,45% zu nennen, gefolgt vom mittleren Management mit 19,28% und vom oberen Management mit 13,25% (Abb 38). Mehr als jede andere Abteilung waren die IT-Abteilungen mit 37,08%, mit der Einführung von Wissensmanagementmaßnahmen betraut. Bei der Einführung hatten die Unternehmen (Mehrfachnennungen waren möglich) zu 43,60% Hilfe von externen Unternehmensberatern, gefolgt von den Softwarefirmen, die das Programm lieferten mit 31,90% sowie von wissenschaftlichen Organisationen mit 20,20% (Abb.29).

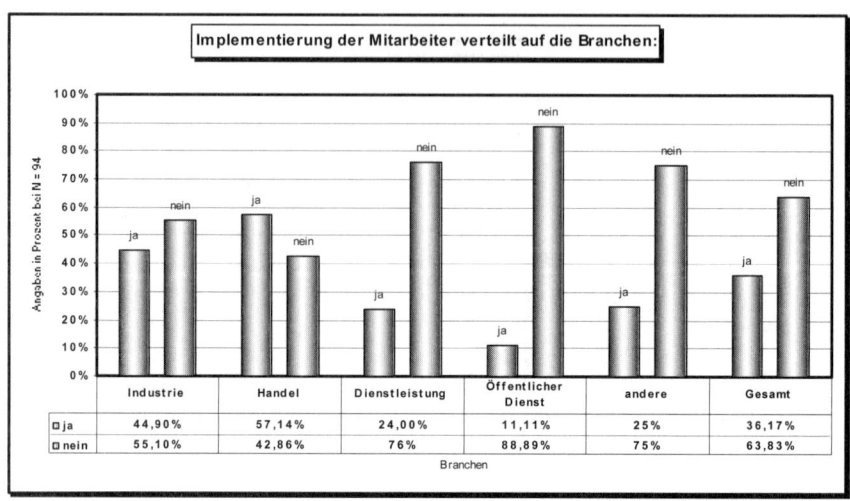

Abb. 37: Branchenspezifische Beteiligung der Mitarbeiter

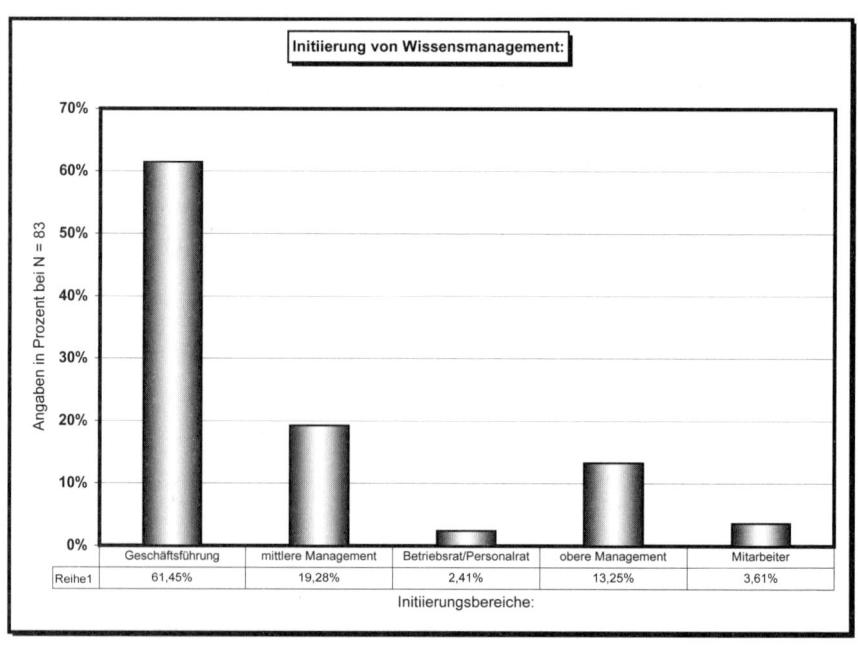

Abb. 38: Initiierung von Wissensmanagement

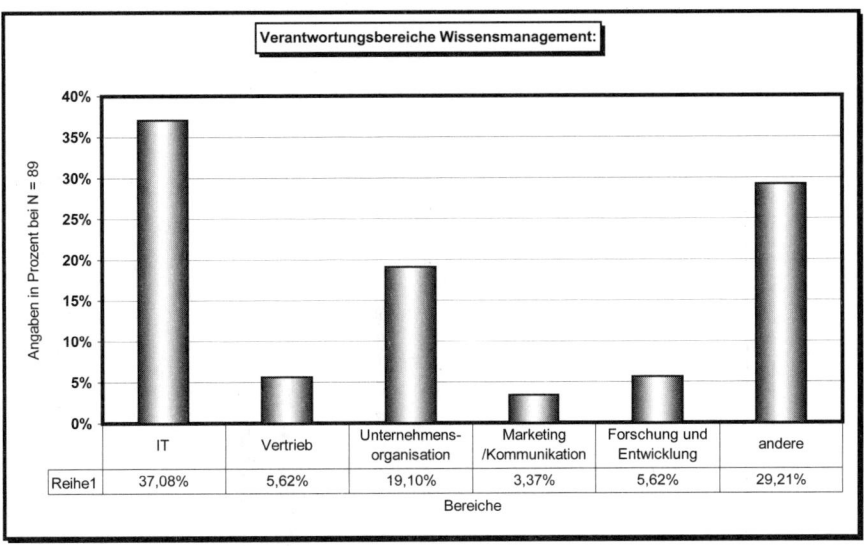

Abb. 39: Verantwortungsbereiche Wissensmanagement

9.4 Einführung, Erwartung und Barrieren

Die Erwartungen der Unternehmen sind vielfältig. Die Strukturen, die eine Teilung von Wissen fördern, sind jedoch noch nicht überall erkannt oder werden nicht benutzt. Auf die Frage, ob die Organisationsstrukturen geeignet sind, Wissen transparent zu machen, wurde (Mehrfachnennung möglich) wie folgt geantwortet: Bereichsübergreifende Teams gibt es bei 61,70% der Unternehmen. Regelmäßige Teamsitzungen existieren bei 63,80%. Nicht so gut sieht es bei den Hierarchien aus. Auf flache Hierarchien setzen nur 38,30% der Unternehmen. Das wichtige kommunikationsfördernde Umfeld gibt es nur bei 37,20% der Unternehmen. Zur Nutzung von Wissen im Unternehmen gibt es folgende Ansätze: Datenbanken 59,60%; Fachliteratur 68,10%; Erfahrungsaustausch durch Kongresse und Tagungen 48,90%; Netzwerkbildung der Mitarbeiter 39,40% und Netzwerkbildung der Unternehmen in 26,60% der Fälle. Auch hier waren Mehrfachnennungen möglich. Die Bereitschaft zur Weitergabe von Wissen wird im Durchschnitt nur als befriedigend bezeichnet (vgl. Abb.40).

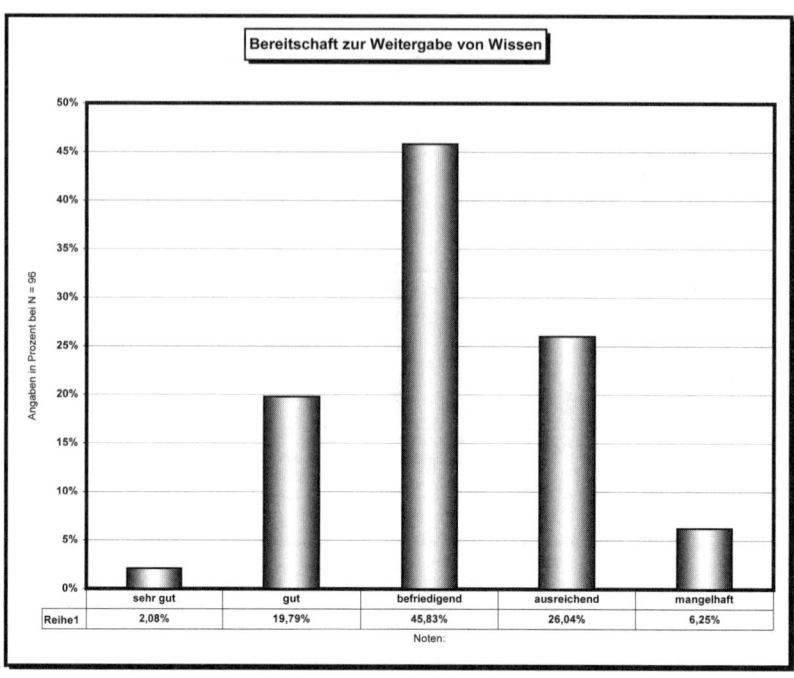

Abb. 40: Bereitschaft zur Weitergabe von Wissen

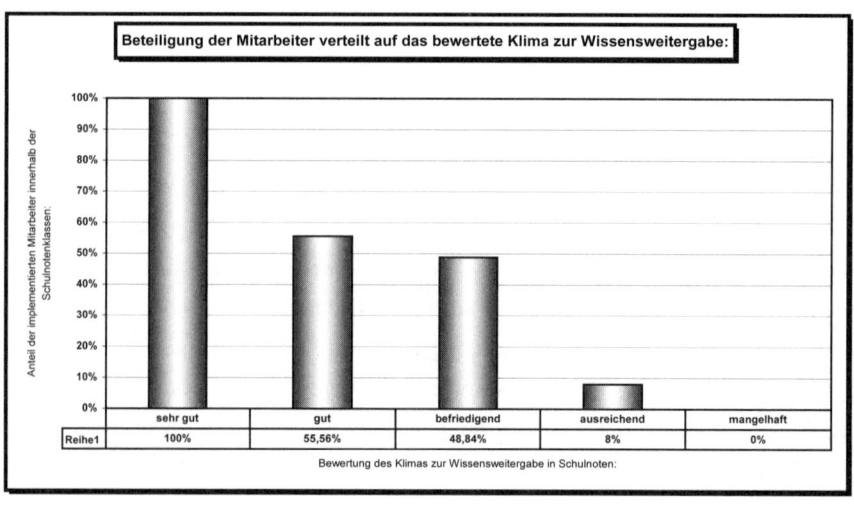

Abb. 41: Anteil der beteiligten Mitarbeiter-Klima zur Wissensweitergabe

Je höher der Anteil der Partizipation der Mitarbeiter innerhalb des Entstehungspro-zesses der Datenbank, desto positiver ist die Bewertung des Klimas zur Wissenswei-tergabe im Unternehmen innerhalb des Anwenderkreises. Gleiches lässt sich auch für die Beteiligung des Betriebsrats bei der Implementierung sagen.

Dies zeigt sich in Abb. 41. Hieraus lässt sich ersehen, dass innerhalb der Kategorie „gutes Klima zur Wissensweitergabe" 44,44% der Mitarbeiter nicht in die Entste-hungsphase der Wissensmanagement Aktivitäten integriert wurden, bei einer Einstu-fung des Klimas als befriedigend waren es 51,16% der Mitarbeiter. Bei einer ausrei-chenden Bewertung steigt der Anteil der ausgeschlossenen Mitarbeiter auf 92,00%, bei einer mangelhaften Bewertung bis auf 100%.

Ähnliche Strukturen zeigen sich auch in Abb. 42, in der analog zu Abb. 41 der Anteil der nicht beteiligten Betriebsräte den Bewertungskategorien zugeordnet wurde. Auch hier steigt der Anteil der nicht in den Entstehungsprozess der Datenbank einbezoge-nen Betriebsräte, bei schlechter werdender Bewertung des Klimas zur Wissenswei-tergabe. Innerhalb der Bewertungskategorie „gut" waren nur 16,67% der Betriebsräte ausgeschlossen. In der Gruppe „befriedigend" bereits 31,82%, „ausreichend" 72,00% und in der Kategorie „mangelhaft" sogar alle Betriebsräte.

Anreizsysteme zur Unterstützung und Erhöhung der Motivation bei der Nutzung von Informations- und Wissensdatenbanken sind nur bei 15,29% der befragten Unter-nehmen vorhanden (Abb 43). Branchenspezifisch sind Anreizsysteme besonders in den Unternehmen der Dienstleistungsbranche mit 19,05% und in der Industrie mit 17,39% vorhanden (Abb. 44). Dort wo Anreizsysteme vorhanden sind, sind dies Leis-tungsprämien, Zielvereinbarungen und ausgelobte Preise.

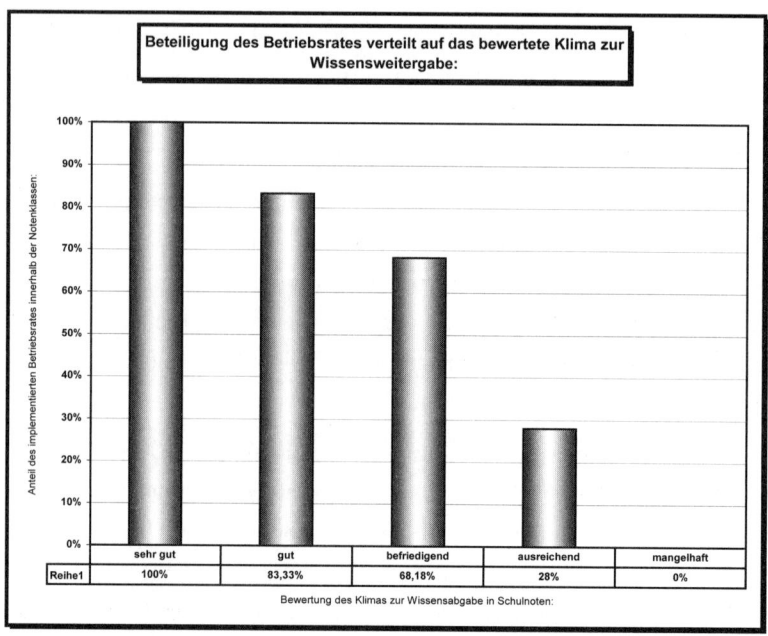

Abb. 42: Anteil der beteiligten Betriebsräte – Klima zur Wissensweitergabe

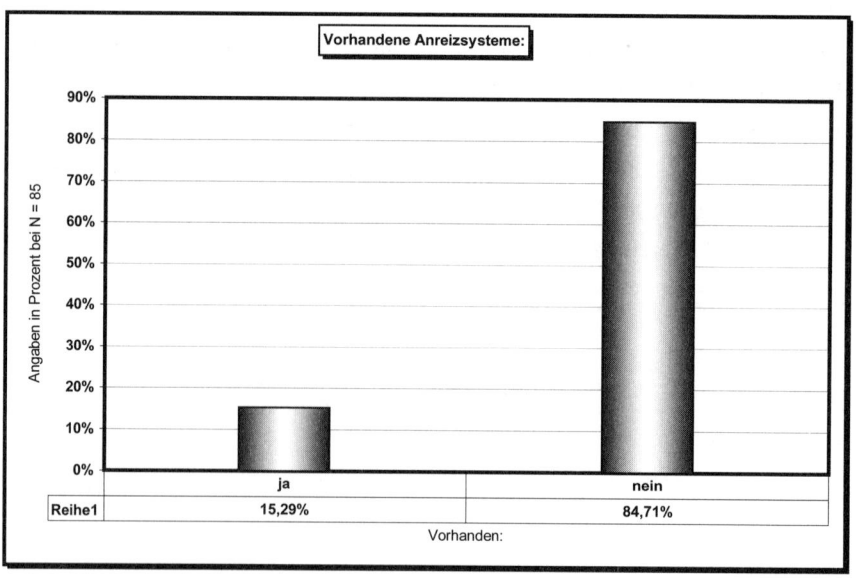

Abb. 43: Vorhandene Anreizsysteme

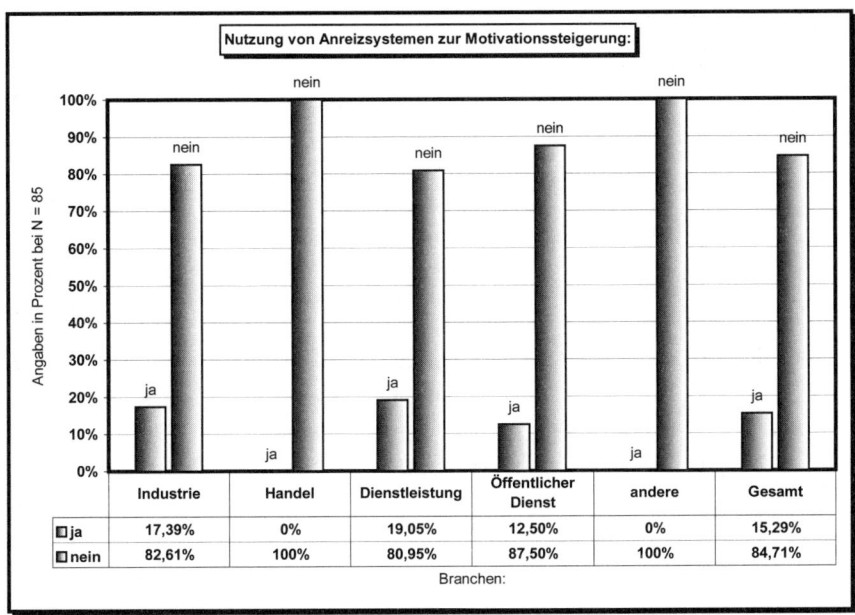

Abb. 44: Nutzung von Anreizsystemen zur Motivationssteigerung

Als Barrieren bei der Einführung von Datenbanken wurden benannt: Die Mitarbeiter sind nicht oder zu wenig eingebunden, schlechte oder fehlende Schulungen für die Mitarbeiter sowie mangelnde Kommunikation und mangelnde Beteiligung relevanter Bereiche (vgl. Abb. 45).

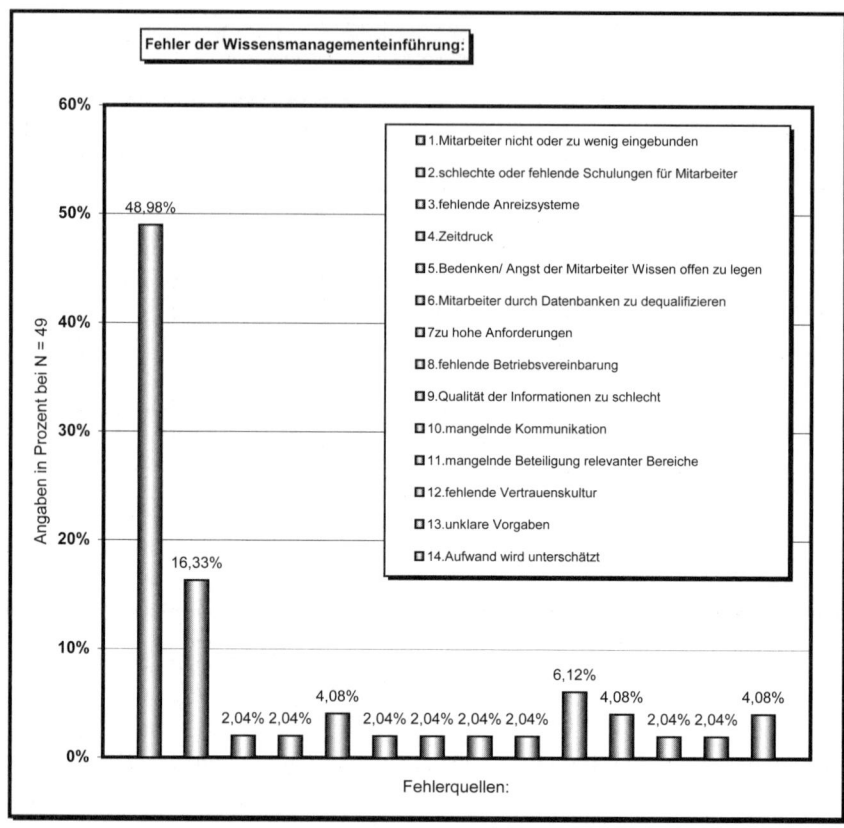

Abb. 45: Fehler bei der Einführung von Wissensmanagement[45]

9.5   Schlussbemerkung

Auch diese Befragung zeigt, dass das Thema Wissensmanagement hochaktuell bleibt, wenngleich aus der betrieblichen Realität allerdings eher wenig Positives berichtet wird. Damit bleibt Wissensmanagement zwar keine Utopie in der betrieblichen Arena, aber viele Maßnahmen bringen nicht den gewünschten Erfolg. Manche Beratungskonzepte nutzen mehr den Beratern (Unternehmensberatungsorganisationen) als den Unternehmen. Viele Projekte sind gescheitert, Stabsstellen und Abteilungen, die

---

[45]   Fehlerliste von Links nach Rechts analog zu dem Balkendiagramm

mit Wissensmanagement beauftragt waren, wurden aufgelöst oder verkleinert. Die betrieblichen Strukturen sind oft noch weit vom Ideal entfernt, das den Wissens*austausch*, geschweige denn den Wissens*aufbau* zwischen den Mitarbeitern optimal fördert. Der Nutzen vieler Modelle ist für immer mehr Mitarbeiter nicht mehr zu erkennen. Dennoch werden fast täglich neue Projekte gestartet, Datenfriedhöfe entstehen und Betriebs- und Personalräte müssen sich vermehrt mit der Thematik beschäftigen und dies, um sowohl die Interessen der Mitarbeiter aber auch die des Unternehmens vertreten zu können. Dabei gilt, dass nur gut informierte Betriebs- und Personalräte sich auch qualitativ hochwertig in den Aushandlungs- und Entwicklungsprozess von Wissensmanagementprojekten einbringen können.

9.6 Zusammenfassung der Ergebnisse

- Als Treiber bei der Einführung von Wissensmanagement sind die Geschäftsleitung sowie das Management auszumachen.

- Mehr als die Hälfte der Unternehmen haben bei der Einführung von Wissensmanagementsystemen Unterstützung durch Unternehmensberater, wissenschaftliche Organisationen oder von der Softwarefirma, die das System zur Verfügung stellt.

- In vielen Unternehmen sind die Organisationsstrukturen noch nicht geeignet, Wissen transparent zu machen.

- Viele Unternehmen richten Datenbanken zur Nutzung und Generierung des Wissens im Unternehmen ein.

- Häufig wird auch der Betriebs- oder Personalrat in den Einführungsprozess frühzeitig mit eingebunden.

- Die späteren Nutzer bzw. Mitarbeiter werden immer noch nicht in ausreichendem Maße als Potenzial erkannt.

- Die alleinige Beteiligung des Betriebs- oder Personalrats reicht nicht aus. Nur wenn auch die späteren Nutzer (Mitarbeiter) mit eingebunden werden, kann die Bereitschaft, Wissen zu teilen, erhöht werden. Dies ist aber eine Grundlage für erfolgreiches Wissensmanagement.

- Mehr als jede andere Abteilung wird die IT-Abteilung mit der Einführung von Wissensmanagement betraut.

- Anreizsysteme, die die Motivation der Mitarbeiter zur Nutzung der Datenbanken erhöhen sollen, sind kaum vorhanden.

- Dort wo es Anreizsysteme gibt, sind dies: Leistungsprämien, Zielvereinbarungen, sowie die Schaffung von Intranetdiskussionsforen zur Unterstützung der Arbeit.

- Je höher der Anteil der Partizipation der Mitarbeiter innerhalb des Entstehungsprozesses der Datenbank, desto positiver ist die Bewertung des Klimas zur Wissensweitergabe im Unternehmen vom Anwenderkreis.

- Je höher der Anteil der Partizipation des Betriebsrates innerhalb des Entstehungsprozesses der Datenbank ist, desto positiver ist die Bewertung des Klimas zur Wissensweitergabe im Unternehmen vom Anwenderkreis.

- Als Hauptbarrieren bei der Einführung von Wissensmanagement sind zu nennen: Mitarbeiter werden nicht oder zu wenig mit eingebunden, schlechte oder fehlende Schulungen der Mitarbeiter sowie Bedenken und Ängste der Mitarbeiter, Wissen offen zu legen.

10 Folgerungen für Konzepte des Wissensmanagements

10.1 Interaktionsstrukturen und Wissensmanagement

Wissensmanagement hat viel mit innerbetrieblicher Kommunikation zu tun (Wilkesmann 2000a). Daten müssen kommuniziert werden, denn in der Kommunikation wird neues Wissen generiert. Wichtig beim Wissensmanagement sind deshalb die Strukturen der innerbetrieblichen Kommunikation. Ist die innerbetriebliche Kommunikation hierarchisch rigide, top-down strukturiert, können auch keine elektronischen Hilfsmittel etwas an der Kommunikationssituation ändern. Zuerst muss also die innerbetriebliche Kommunikationssituation geändert werden.

Auch die Medien der innerbetrieblichen Kommunikation stellen sehr verschiedene Anforderungen und mit ihnen können ganz unterschiedliche Inhalte transportiert werden. So dient meistens ein Ein-Weg-Medium wie die Betriebszeitschrift als Top-down-Medium – zumindest wird es so von den Mitarbeitern wahrgenommen (Wilkesmann 2000a). In der Mitarbeiterzeitschrift kann dabei aber keine persönliche Kritik geäußert werden – dies geht nur im Face-to-face Gespräch. Anderseits erreicht man mehr Personen mit einem Druckerzeugnis. Das Intranet verbindet diese Vorteile des Druckmediums mit einigen Vorteilen der Face-to-face Kommunikation (vgl. Döring 1999). So kann die Kommunikation im Intranet als Zwei-Wege-Kommunikation gestaltet werden. In Newsgroups können sich verschiedene Mitarbeiter gleichgewichtig über Sachthemen austauschen, ohne dass sie zur gleichen Zeit am gleichen Ort sein müssen. Da es sich in der computervermittelten Kommunikation im Betrieb in der Regel um reine Sachfragen handelt, kann sich auch ohne Face-to-face Kontakt eine Vertrauensbeziehung aufbauen. Am Beispiel Siemens ist deutlich geworden, wie die computervermittelte Kommunikation sinnvoll mit Face-to-face Formen verknüpft werden kann, um die Vertrauensbeziehung zwischen den Mitarbeitern zu unterstützen. Wissensmanagement kann nur dann sinnvoll funktionieren, wenn die innerbetriebliche Kommunikation Raum und Möglichkeiten für eine wechselseitige, weitestgehend hierarchiefreie Interaktion ermöglicht. Computer sind dabei nur Hilfsmittel, die zwar viele neue Möglichkeiten eröffnen, aber nicht grundlegend die Struktur der Kommunikation verändern. Wenn viele Bereiche im Intranet durch Passwörter geschützt nur gewissen Hierarchiestufen offen stehen, dann kann natürlich kein hierarchieübergreifender Diskurs stattfinden. Wenn andererseits sich niemand an der computervermittelten Kommunikation beteiligt und deswegen keine neuen Informationen in der Newsgroup oder in der Datenbank abgelegt werden, dann wird nach kurzer Zeit niemand mehr einen Blick dort hinein werfen und es entsteht ein Datenfriedhof. Kommunikationsformen und –medien müssen „gelebt" werden.

10.2 Mitarbeiter und Wissensmanagement

Eine Schlüsselerkenntnis des modernen Managements ist es, dass wesentliche Werte der Organisation in den Köpfen der Mitarbeiter zu finden sind. Wissen wird von den Mitarbeitern generiert. Es beruht auf Erfahrungen und Einstellungen und bedarf eines geteilten Hintergrundwissens. Damit die Datenbanken auch genutzt werden, d.h. die Mitarbeiter auch „Wissen" (in Form von Daten oder Informationen) eingeben und abrufen, führen Unternehmen teilweise Anreize (in Form von Prämien oder Sachgeschenken) oder Vorschriften ein. Welche Anreize und Strukturen sind aber notwendig, damit Datenbanken auch funktionieren? Die Computer und Softwareprogramme können hier nur als Assistenzsysteme unterstützen, nicht aber das Problem lösen. Wichtigstes Instrument ist hierbei die Gestaltung von Kontexten, d.h. die Schaffung eines interaktions- und damit lernförderlichen Umfelds. Wissensarbeit in repressiven Strukturen ist nicht möglich. Wissensarbeit benötigt Freiräume und ist nur unter Strukturen des self governance möglich. Außerdem müssen Anreize, wenn sie vergeben werden, von den Mitarbeitern als fair wahrgenommen werden, nur dann können sie motivieren. Anreize werden meistens dann als fair von den Mitarbeitern wahrgenommen, wenn sie an der Gestaltung der Grundlagen beteiligt waren.

10.3 Elektronische Foren und communities

Eine fundamentale Voraussetzung für die Effektivität von Wissensmanagement besteht im Aufbau von Netzwerkstrukturen. Diese sollen das Wissen und die Erfahrungen der Mitarbeiter greifbar und austauschbar machen. Neben Datenbanken, die wir ausführlich analysiert haben, bekommen neuerdings communities of practice als eine der am weitesten verbreitete Form der elektronischen Foren eine größere Bedeutung im Diskurs des Wissensmanagements.

Der Begriff der Praxisgemeinschaft geht auf Lave und Wenger (1991) zurück. Er entstammt einem lerntheoretischen Zusammenhang und bezeichnet Gruppen von Menschen, die durch eine gemeinsame Praxis miteinander verbunden sind. Sie bilden dann eine Praxisgemeinschaft, wenn die Mitglieder auf Zeit dauerhaft gemeinsam etwas tun (gemeinsames Handeln), eine gemeinsame Problemlage vorhanden ist, mit der man sich beschäftigt (eine gemeinsame Aufgabe) und wenn ein gemeinsames Repertoire aufgebaut wurde. Ein Miteinander an sich macht noch keine Praxisgemeinschaft aus. Praxisgemeinschaften leben von dem praktischen Engagement der Beteiligten, sie sind also wesentlich durch gemeinsames Lernen bestimmt. Sie lassen sich nicht auf Grund eines Beschlusses gründen.

Communities of practice[46] (COP) können gefördert werden, wenn man den Mitarbeitern Zeit gibt, eine solche Gemeinschaft zu bilden und deren Existenz anerkennt. Mitarbeiter brauchen also Zeit, Räume (Intranet/Technik) und Anerkennung. Sie können Entwürfe für eine zukünftige Organisationsform sein, jedoch nur, wenn sie in der Lage sind, auch andere Strukturen wie z.B. Projektmanagementaktivitäten zu integrieren. Häufig genug ist aber zu beobachten, dass diese „Innovationszirkel" nur Informationen verwalten. Dies ist grundsätzlich nicht schlecht, sollte aber nur ein Teil sein. Ein anderes zu beobachtendes Phänomen ist, dass COP nur von besonders talentierten Mitarbeitern genutzt werden, wenn die Wissensmanagementaktivitäten nicht in die Dimensionen Kultur und Struktur eingebunden werden. Die Rahmenbedingungen, die eine Organisation für Wissensmanagementaktivitäten bereitstellt, sind somit entscheidend für die Qualität der Ergebnisse. Rahmenbedingungen beeinflussen auch die Firmenkultur und damit die Art, wie und ob eine Gruppe Wissen weitergibt. COP sind jedoch keine isolierten Inseln, sie müssen untereinander vernetzt werden. Damit COP funktionieren, brauchen sie bestimmte strukturelle und motivationale Bedingungen.

Die Kommunikation, die zur kollektiven Wissensgenerierung führt, muss nicht Face-to-face sein. In großen Unternehmen kann sie auf Grund von zeitlichen und räumlichen Distanzen nur computervermittelt ablaufen. Grundsätzlich unterscheidet sich die

---

[46] Für eine ausführliche Beschäftigung mit Wissensgemeinschaften sei auf Romhardt (2002) hingewiesen.

computervermittelte Kommunikation von der Face-to-face-Kommunikation dadurch, dass erstere auf den nonverbalen Teil der Kommunikation verzichten muss. Alle Gesten, Gesichtsausdrücke und damit alle kommentierenden Teile der Kommunikation können nicht über den Computer vermittelt werden. Auch entsprechende Kommentare oder Zeichen (z.B. Smilies), die den nonverbalen Teil ersetzen sollen, können dies nicht, da sie nicht spontan, sondern reflexiv eingesetzt werden. Für den Prozess der Generierung neuen Wissens über elektronische Foren ist diese Einschränkung der Kommunikationsform aber nur bedingt relevant, da es hauptsächlich um die inhaltliche Diskussion von Sachfragen geht, bei der Beziehungsaspekte auch möglichst ausgeklammert bleiben sollen.

Elektronische Kommunikationsforen können aber Wissensträger mit unterschiedlichem Erfahrungshintergrund zusammenbringen. Worin kann bzw. sollte aber nun der Mehrwert dieser Foren liegen?

- Elektronische Foren erlauben den Austausch von Informationen zwischen Mitarbeitern, die im realen Arbeitsleben kaum eine Chance haben, sich zu treffen.

- Foren bringen Mitarbeiter mit unterschiedlichen fachlichen, professionellen und persönlichen Hintergründen und unterschiedlichen Lebensstilen zusammen.

- Sie sind auf Interaktion zur Korrektur, Erweiterung und Modifikation vorhandener Lösungen und Prozesse angelegt.

- Diskurse können anonym durchgeführt werden, dadurch treten persönliche Konflikte in den Hintergrund.

- Der Diskurs in Foren validiert die Qualität der Wissensbeiträge durch die Kommentare der anderen Teilnehmer.

- Bei entsprechender Förderung können sie zu umfassenden Wissensplattformen und Wissensnetzwerken werden, die in communities of practice münden.

- Durch den Diskurs werden Experten ausfindig gemacht, die vorher nicht erreicht werden konnten, da sie anderen Akteuren unbekannt waren.

- Eine weitere Voraussetzung von elektronischen Foren sind Moderatoren, die den Diskursen Rahmen geben. Moderatoren sollten dabei relevante Zusatz- und Hintergrundinformationen ermöglichen, indem sie das Forum mit anderen Foren vernetzen sowie darauf achten, dass kein relevanter Akteur vom Diskurs ausgeschlossen wird, aber auch keine unrelevanten Beiträge gepostet werden.

11 Zusammenfassung der Ergebnisse

Wissen rückt in das Zentrum der Diskussion um die Perspektiven unserer Gesellschaft. Es wird im Zuge der globalen Veränderung als konstitutives Merkmal für eine moderne Ökonomie, ihre Produktionsprozesse und -beziehungen der zukünftigen Gesellschaft gesehen. Dabei geht es um die verstärkte Einbindung von Mitarbeitern in entscheidende Wertschöpfungsprozesse, um so z.b. Innovationsprozesse zu beschleunigen oder durch Dematerialisierung in Form von neuen Arbeitsformen zu schaffen.

Managementmodelle kommen und gehen. Gegenüber vielen Konzepten ist eine gehörige Portion Skepsis angebracht, denn wer auf der Welle reitet, kann die Dinge nicht auch gleichzeitig vom Ufer aus beobachten. Häufig fehlt eine kritische Distanz. Haben wir es beim Wissensmanagement auch wieder nur mit einer kurzen Mode zu tun? Diese Frage kann hier nicht beantwortet werden. Aber die Kernaussagen über die Prozesse der Generierung, Speicherung und Verteilung von neuem Wissen werden auch in Zukunft ihre Bedeutung nicht verlieren, egal wie das zukünftig populäre Managementmodell heißt.

Wie die Ausführungen zeigen, kommt Wissensmanagement vor allem eine Querschnittfunktion im Spannungsfeld verschiedener Disziplinen wie Ökonomie, Soziologie, Informatik und Psychologie zu. Wissenschaftliche Forschung kann hier grundlagenorientierte Regeln aufzeigen, wie Wissensmanagement in seiner anwendungsorientierten Umgebung ausgestaltet werden soll. Als Leitrahmen gelten die Bedingungen des Lernens und die Förderung der Lernbereitschaft, die neben einem entsprechenden Freiraum über das „Managing of Motivation" (Frey/Osterloh 2000) unterstützt werden. Überwachen, Messen und viele externe Anreize, die von den Mitarbeitern als Kontrolle wahrgenommen werden, sind kontraproduktiv, da sie letztendlich die Motivation zerstören. Bei Anreizsystemen ist eher auf intrinsische Motivation zu setzen. Intrinsisch motivierte Mitarbeiter arbeiten in der Regel verantwortungsvoller und zeichnen sich durch eine höhere Kreativität aus. Sie gelten als kritischer Erfolgsfaktor für Communities. Innovation lässt sich nicht per Anordnung erzwingen. Es lassen sich aber lernförderliche Umwelten schaffen. Das Machtspiel vieler Führungskräfte und das passive abwartende Verhalten vieler Mitarbeiter entspricht aber gerade nicht den Strukturen, die hier als lernförderliches Umfeld beschrieben wurden. Wissensmanagement benötigt Denk-, Spiel- und Lernräume und einen toleranten Umgang mit Fehlern. Häufig genug macht man sich zu viele Sorgen um das Schlagwort Wissensmanagement, statt eine offene Unternehmenskultur zu fördern und für eine intensive Kommunikation in vertikaler und horizontaler Richtung zu sorgen. Erfolgreiches Wissensmanagement besteht zum Großteil aus Change Management und nur zu einem kleinen Teil aus Technologie. Ein weiteres Problem ist vielfach der Zeitfaktor. Die Aktivitäten im Rahmen des Wissensmanagements werden zusätzlich zur alltäglichen Arbeit von den Mitarbeitern verlangt. Dadurch entstehen häufig Zeit- und Interessenkonflikte.

Eine weitere wichtige Voraussetzung für das Gelingen von Wissensmanagement ist das Vertrauen. In klassischen Unternehmensstrukturen fehlt den Mitarbeitern häufig das Vertrauen. Deshalb sammeln Mitarbeiter möglichst viele Informationen, um Entscheidungssicherheit herzustellen, nicht aber, um neues Wissen zu generieren. Dieses mangelnde Vertrauen ist durch ein Führungsverhalten verursacht, das Vertrauen als gut, Kontrolle aber als besser klassifiziert. Ein solches Führungsverhalten kann dann in den entsprechenden Datenbanken abgelesen werden: Damit die Führung die Übersicht behält, wird alles abgespeichert. Viele Manager betreiben Wissensmanagement lediglich als Objekt und nicht als Prozess. Aber nur im letzten Fall kann Handeln in Wissen übergehen. Ansonsten bleibt es Information. Multimedia und Internet alleine tragen wenig zum Handeln der Mitarbeiter bei. Mitarbeiter müssen ihr Wissen situativ aktivieren können. Das Wissen muss so aufgebaut sein, dass es sich unmittelbar zur Anwendung eignet. Auch hier gelten wieder die Erfolgsbedingungen des lernförderlichen Umfelds. Wissensmanagement muss also sowohl den informations- als auch den handlungsrelevanten Aspekten gerecht werden. Die benutzte Technik (Datenbanksysteme) kann dabei nicht die zentrale Richtgröße sein. Wissensmanagement braucht neue Maßstäbe für die „Wissensarbeiter" durch die Chance zur selbständigen Koordination des Handelns im Arbeitsprozess. Dabei ist selbstkoordiniertes Handeln nicht nur erwünscht, sondern für die Wissensgenerierung und -verteilung unerlässlich. Mitarbeiter werden häufig lediglich angehalten, mit dem System zu arbeiten.

Das System sollte aber so beschaffen sein, dass es den Mitarbeitern die Arbeit ermöglicht, sie müssen selbst damit arbeiten wollen, weil es ihr Instrument ist[47].

Jedoch dort, wo Wissensgenerierung lediglich als Objekt betrieben wird, entstehen keine Innovationen. Ein Unternehmen kann nicht Innovationen fördern, indem es nur seine bürokratischen Methoden im mechanischen Sinne perfektioniert. Nicht Führen mit Kontrolle, sondern Coaching ist wichtig, d.h. mehr Selbstverantwortung und Autonomie der Mitarbeiter, Stärkung der Eigenverantwortung für Qualifikation, Lernen und Informationsbeschaffung. Innovationen sind nicht nur die großen Konzepte sondern "Daily Business". Die Umsetzung einer Strategie wie Wissensmanagement beginnt mit der Aus- und Weiterbildung unter Einbeziehung der Mitarbeiter, die diese Tätigkeiten dann auch später ausführen sollen. Zwei Ebenen des Wissensmanagements sind zu differenzieren:

- Die Ebene des Austauschs von Wissen auf der operativen Ebene, unter Berücksichtigung des bereits im Unternehmen vorhandenen Wissens und

- die Entwicklung neuen Wissens auf der strategischen Ebene.

Es ist dabei zu berücksichtigen, dass Information immer auch ein Attribut des Wissens des Empfängers ist, d.h. er muss mit der Information auch etwas anfangen können.

Für ein Wissensmanagement als Konzept zur lernenden Organisation gilt: Manche Unternehmen sind lernfähiger als andere. Einige lernen zwar abstrakt, sind aber nicht in der Lage, sich so zu reorganisieren, dass sie das Gelernte auch gewinnbringend umsetzen können. Wenn Wissensmanagementprojekte nicht in die oben beschriebenen Rahmenstrukturen eingebettet werden und somit nicht mit einem Change Prozess verbunden werden, dienen sie lediglich zur Datensammlung, generieren aber kein neues Wissen und werden damit auch keinen langfristigen Erfolg haben. Organisatorisches Lernen findet nicht nur an der Spitze statt, sondern betrifft alle Mitarbeiterinnen und Mitarbeiter. Eine besondere Funktion kommt dabei aber dem mittleren Management zu. Es kanalisiert die Informationsströme im Unternehmen und könnte

---

[47] Hier sind in der Planung frühzeitig die Kosten für Change Management mit einzurechnen. Softwareunternehmen rechnen hier häufig 1:1. Erfahrungen der Kooperationspartner im Rahmen des Projektes zeigen aber, dass diese eher bei 1:3 liegen.

Ausgangspunkt von COP sein. Dies widerspricht aber vielen Downsizing Maßnahmen, die sich in den letzten Jahren gegen diese Gruppe richteten. Die Entlassung dieser Gruppe verhindert die Lernfähigkeit der Organisation.

Ein außerordentlicher Stellenwert kommt der Weiterbildung zu. Das formale Lernen vieler Weiterbildungsmaßnahmen ist weitestgehend ausgereizt (Staudt/Kriegesmann 2000). Es geht darum, Lernprozesse zu organisieren und nicht Lehrgänge! Hier sei auf die Erfolge von Wirtschaftssimulationen und Planspielen hingewiesen, denn für ein Lernen im Wissensmanagement mit Hyperlearning in Netzwerken und Lerncommunities gilt: Die Unternehmen müssen anstreben, die Kompetenzentwicklung der Mitarbeiter in den Mittelpunkt zu stellen. Dabei müssen Strukturen geschaffen werden, die es Arbeitnehmern ermöglichen, sich und ihr Können am Arbeitsplatz zu entfalten. Die Reorganisation vieler Unternehmen und die Temporalisierung der Organisationsstrukturen, vor allem global agierender Unternehmen wie Siemens, verlangt nach der Sicherstellung und Verfügbarkeit des Wissens. Allgemein stellt sich die Situation bei Unternehmen wie folgt dar: Einigen Unternehmen geht es lediglich um die Verwaltung von Wissen. Das „Zur-Verfügung-Stellen" von Daten kann in einigen Fällen schon hilfreich sein. Wenn dazu noch die Förderung interaktiver Momente tritt, in denen die Bildung von COP unterstützt wird, wie bei Siemens, dann kann schon eine erste, positive Zwischenbilanz gezogen werden. Allgemein ist zu beobachten, dass versucht wird das durchaus erfolgreiche ShareNet zu kopieren. Man entdeckt immer wieder einzelne gleiche oder ähnliche Module. Auch hausintern wird das System in leicht veränderte Form (medknowledge) in anderen Bereichen von Siemens eingesetzt. Positiv bei dieser Weiterentwicklung ist das veränderte Incentivesystem das zwar auch auf das bekannte Miles and More der Lufthansa aufbaut bei den Incentives aber stärker auf die Verstärkung der intrinsische Motivation setzt. Hier werden die Punkte verstärkt in Formen der Weiterbildung integriert. In Zeiten knapper Kassen, in denen die Anreizsysteme eingestellt oder zurückgefahren werden – häufig gibt es nur noch symbolische Anreize in Form von Kronen, Punkten oder Sternchen – muss aber auf die Anspruchspirale der Mitarbeiter hingewiesen werden. Neue Verfahren, wie z.B. die Integration in Zielvereinbarungssysteme sollten in der Übergangsphase durch entsprechende Maßnahmen begleitet werden. Auch wenn im Rahmen des abklingenden Hypes „Wissensmanagement" Teams schrumpfen und die

Gelder für die Abteilungen teilweise drastisch von den Geschäftsleitungen zusammengestrichen werden gilt: Innovationen können nicht verordnet werden. Inwieweit Wissensmanagement zu einer nachhaltige Entwicklung der wissensbasierten Organisation führt, kann bei keinem der Kooperationspartner letztendlich beantwortet werden. Abschließend ist festzuhalten, dass der Versuch der vollkommenen Steuerung durch das Management unrealistisch ist und aufgegeben werden sollte (vgl. Rascher/Wilkesmann 2002). Als bessere Strategie gilt: Eine dauerhafte Unterstützung der zuständigen Abteilungen ist hinsichtlich des Erfolges allemal erfolgsversprechender als ein Auf und Ab hinsichtlich des Einsatzes der Ressourcen. Dies zeigen Erfahrungen mit Unternehmen, die ihre Systeme zunächst auf Sparflamme zurückgefahren haben, dann aber wenn verständlicher Weise die Ergebnisse (Output der Systeme) ausbleiben oder nicht mehr so qualitativ hochwertig sind, große Probleme haben, diese dann wieder hochzufahren.

12 Literatur

Abraham, M. (1996): Betriebliche Sozialleistungen und die Regulation individueller Arbeitsverhältnisse. Frankfurt am Main u.a.: Peter Lang.

Ackoff, R.L. (1994): The democratic sorporation. New York.

Adams, J.S. (1963): Toward an understanding of inequity. In: Journalof Abnormal and Social Psychology 67, S. 422-436.

Algera, J.A. (1990): The Job Characteristic Model of work motivation revisited. S. 85-104 in: Kleinbeck, U./Quast, H.-H./ Thierry, H./ Häcker, H. (Ed.), Work motivation. Hillsdale: Lawrence Erlbaum Associates.

Armor, D.J. (1973): Theta reliability and factor scaling. In: H.L. Coster (ed.), Sociological Methodology. San Francisco: Jossey-Bass.

Axelrod, R. (1987): Die Evolution der Kooperation. München: Oldenbourg.

Backhaus, K./Erichson, B./Plinke, W./Weiber, R. (1996): Multivariate Analysemethoden. Berlin: Springer.

Bienenstock, E.J./Bonacich, P. (1997): Network exchange as a cooperative game. Rationality and Society 9, S. 37-65.

Büchler, P. (1983): Klassische Testtheorie und ihre Anwendbarkeit in der Soziologie. Soziologische Diplomarbeit, Universität Hamburg.

Cabrera, A./Cabrera, E.F. (2002): Knowledge-sharing dilemmas. Organization Studies 23, S. 687-710.

Coleman, J.S. (1990): Foundations of social theory. Cambridge, Mass.

Cook, K.S. (1977): Exchange and power in networks of interorganizational relations. In: The Sociological Quarterly 18, S. 62-82.

Cook, K.S./Whitmeyer, J.M. (1992): Two approaches to social structure. In: Ann.Rev.Psychol. 18, S. 109-127.

Davis, M.D. (1972): Spiltheorie für Nichtmathematiker. München: Oldenbourg.

Deci, E.L. (1995): Why we do what we do. New York.

Deutschmann, C (2002): Postindustrielle Industriegesellschaft. Weinheim, München: Juventa.

Dick, R. van/Schnitger, C./Schwartzmann-Buchelt, C./Wagner, U. (2001): Der Job Diagnostic Survey im Bildungsbereich. Zeitschrift für Arbeits- und Organisationspsychologie 45, S. 74-92.

Diekmann, A (2000): Empirische Sozialforschung. Reinbek: Rowohlt.

Dixit, A.K./Nalebuff, B.F. (1995): Spieltheorie für Einsteiger. Stuttgart: Schäffer-Poeschel.

Döring, N. (1999): Die Sozialpsychologie des Internet. Göttingen: Hogrefe.

Eckel, C./Grossman, P. (1998): Are women less selfish than men? Evidence from dictator experiments. In: Economic Journal 108, S. 726-735.

Elster, J. (1989): The cement of society. Cambridge: Cambridge University Press.

Esser, H. (1999): Soziologie – Spezielle Grundlagen. Band 1: Situationslogik und Handeln. Frankfurt am Main: Campus.

Fehr, E./Schmidt, K. (2000): Fairness, incentives and contractual choices. In: European Economic Review 44, S. 1057-1068.

Frey, B.S. (1997): Markt und Motivation – Wie ökonomische Anreize die (Arbeits-)Moral verdrängen. München.

Frey, B.S./Osterloh M. (2000): Managing Motivation. Wiesbaden.

Grossmann, R./Scala, K. (2002): Intelligentes Krankenhaus. Wien.

Habermas, J. (1981): Theorie des kommunikativen Handelns. Frankfurt am Main.

Hackman, R. J./Oldham, G.R. (1980): Work redesign. Reading.

Hansen, M.T./Nohria, N./Tierney, T. (1999): What's your strategy for managing knowledge? In: Harvard Business Review, S. 106-116.

Heckathorn, D.D. (1989): Collective action and the second-order free-rider problem. In: Rationality and Society 1, S. 78-100.

Heckathorn, D.D. (1993): Collective action and group heterogeneity: Voluntary provision versus selective incentives. In: American Sociological Review 58, S. 329-350.

Heckathorn, D.D. (1996): The dynamics and dilemmas of collective action. In: American Sociological Review 61, S. 250-277.

Heckhausen, H. (1989): Motivation und Handeln. Berlin.

Homans, G.C. (1960): Theorie der sozialen Gruppe. Opladen: Westdeutscher Verlag.

Itami, H./Roehl, T.W. (1987): How to mobilize invisible assets. Camebridge, Mass.

Kaplan, R.S./Norten, D.P. (1997): Balanced Scorecard. Stuttgart.

Kappelhoff, P. (1993): Soziale Tauschsysteme. München.

Kelley, H.H./Thibaut, J.W. (1978): Interpersonal relations: A theory of interdependence. New York: John Wiley.

Kil, M./Leffelsend, S./Metz-Göckel, H. (2000): Zum Einsatz einer revidierten und erweiterten Fassung des Job Diagnostic Survey im Dienstleistungs- und Verwaltungssektor. Zeitschrift für Arbeits- und Organisationspsychologie 44, S. 115-128.

Knoblauch, H. (1996): Arbeit als Interaktion. Soziale Welt 47, S. 344-362.

Krcmar, H. (2002): Informationsmanagement. Berlin und Heidelberg.

Lave, J./Wenger E. (1991): Situated learning, Cambridge.

Levine, J.M./Resnick, L.B./Higgins, E.T. (1993): Social foundations of cognition. In: Annual Review of Psychology 44, S. 585-612.

Luce, R.D./Raiffa, H. (1989): Games and decisions: Introduction and critical survey. New York: Dover Publications.

Luhmann, N. (1998): Die Gesellschaft der Gesellschaft. Frankfurt am Main: Suhrkamp.

Malsch, Th. (1987): Die Informatisierung des betrieblichen Erfahrungswissens und der „Imperialismus der instrumentellen Vernunft". Zeitschrift für Soziologie 16, S. 77-91.

Mandl, H./Winkler, K. (2002): E-Learning in der betrieblichen Weiterbildung am Beispiel Wissensmanagement. In: Rohs, M. (Hg): Arbeitsprozessintegriertes Lernen. München, New York, Berlin.

Marsden, P.V. (1983): Restricted access in networks and models of power. American Journal of Sociological 88, S. 686-717.

Müller, M. (2003): Das Spital – ein organisationsfreier Raum? In: Zeitschrift Führung und Organisation, Bd. 72, Heft 5, S. 291-295.

Neumann, J. von/Morgenstern, O. (1961): Spieltheorie und wirtschaftliches Verhalten. Würzburg: Physica Verlag.

Nonaka, I./Takeuchi, H. (1997): Die Organisation des Wissens – Wie japanische Unternehmen eine brachliegende Ressource nutzbar machen. Frankfurt am Main.

Olson, M. (1985): Die Logik des kollektiven Handelns. Tübingen: Mohr-Siebeck.

Picot, A./Reichwald, R./Wigand, R. T. (2001): Die grenzenlose Unternehmung. Wiesbaden

Polanyi, M. (1985): Implizites Wissen. Frankfurt am Main.

Probst, G./Raub, S./Romhardt, K. (1998): Wissen managen. Wiesbaden.

Rapaport, A./Chammah, A.M. (1965): Prisoner's Dilemma. Ann Arbor: University of Michigan Press.

Rascher, I./Wilkesmann, U. (2002): Wissen ist Macht und die Macht kommt nicht aus dem Computer. In: Journal Arbeit. Herbst 2002.

Raub, W. (1992): Eine Notiz über die Stabilisierung von Vertrauen durch eine Mischung von wiederholter Interaktion und glaubwürdiger Festlegung. Analyse und Kritik 14, S. 187-194.

Romhardt, K. (2002): Wissensgemeinschaften, Zürich.

Romme, A.G.L. (1999): Domination, self-determination and circular organizing. In: Organization Studies 20, S. 801-831.

Rosenstil, L. von/Honecker, B. (1994): Eigenverantwortliches Lernen. In: Hoffmann, L.M/ Regnet, E. (Hg.): Innovative Weiterbildungskonzepte. Göttingen, S.223-233.

Ryan, R. M. / Deci E.L. (2000): Selfs-Determination Theory and the Facilitation of Intrinsic Motivation, Social Development, and Well-Being. In: American Psychologist Association, 55, 1,S. 68-78.

Scharpf, F.W. (2000): Interaktionsformen – Akteurzentrierter Institutionalismus in der Politikforschung. Opladen.

Schmidt, K.-H./Klembeck, U. (1999): Job Diagnostic Survey (JDS – deutsche Fassung). S. 205-230 in: Dunckel, H. (Hrsg.), Handbuch psychologischer Arbeitsanalyseverfahren. Zürich: vdf Hochschulverlag.

Staudt, E./Kriegesmann, B. (2000): Weiterbildung: Ein Mythos zerbricht. Schriftenreihe des Instituts für angewandte Innovationsforschung. No 178, Bochum.

Stehr, N. (1994): Knowledge Societies. London.

Voss, Th. (1985): Rationale Akteure und soziale Institutionen. München: Oldenbourg.

Walger, G./Schencking, F. (2001): Wissensmanagement, das Wissen schafft, , In: Schreyögg, Georg (Hg.): Wissen in Unternehmen. Berlin, S. 21-40.

Weber, W. G. (1997): Analyse von Gruppenarbeit - Kollektive Handlungsregulation in soziotechnischen Systemen. Bern.

Weber, W.G./Wehner, T. (Hg.) (2001): Erfahrungsorientierte Handlungsorganisation. Zürich

Weggemann, M. (1999): Wissensmanagement. Bonn.

Wilkesmann, U. (1994): Zur Logik des Handelns in betrieblichen Arbeitsgruppen. Opladen.

Wilkesmann, U. (1999):. Lernen in Organisationen. Frankfurt am Main.

Wilkesmann, U. (2000): Kollektives Lernen in Organisationen – am Beispiel von Projektgruppen. In: Schmeisser, W. /Clermont, A./Krimphove, D. (Hg.): Personalführung und Organisation. München, S. 295-312.

Wilkesmann, U. (2000a): Die Anforderungen an die interne Unternehmenskommunikation in neuen Organisationskonzepten. In: Publizistik – Vierteljahreshefte für Kommunikationsforschung 45, S. 476-49.

Wilkesmann, U./Piorr, R./Taubert, R. (2000): Konfliktarenen im Unternehmen – am Beispiel des Co-Managements. S. 715-730 in: Schmeisser, W./Clermont, A./Krimphove, D. (Hrsg.): Personalführung und Organisation. München: Vahlen.

Wilkesmann, U./Rascher, I. (2002): Lässt sich Wissen managen? Möglichkeiten und Grenzen von Datenbanken. In: Zeitschrift Führung und Organisation (zfo) Dezember 2002.

Wilkesmann, U./Rascher, I., (2003): Lässt sich Wissen durch Datenbanken managen? Motivationale und organisationale Voraussetzungen beim Einsatz elektronischer Datenbanken. in: T. Edeling/W. Jann/D. Wagner (Hg.): Wissenssteuerung und Wissensmanagement in Politik, Wirtschaft und Verwaltung. Wiesbaden: VS-Verlag (i.E.).

Wilkesmann, U./Rascher, I. (2003a): Wissensmanagement – Analyse und Handlungsempfehlungen. Düsseldorf: Edition der Hans Böckler Stiftung, Bd. 96

Wilkesmann, U./Romme, A.G.L. (2003): Organisationales Lernen, zirkuläres Organisieren und die Veränderung der interorganisatorischen Herrschaftsverhältnisse. In: Arbeit – Zeitschrift für Arbeitsforschung, Arbeitsgestaltung und Arbeitspolitik 12, S. 228-241.

Willer, D./Skvoretz, J. (1997): Games and structures. Rationality and Society 9, S. 5-35.

Willke, Helmut 1998: Systemisches Wissensmanagement. Stuttgart.

Yamagishi, T./Gillmore, M.R./Cook, K.S. (1988): Network connections and the distribution of power in exchange networks. In: American Journal of Sociology 93, S. 833-851.

Yamaguchi, K. (1996): Power in networks of substitutable and complementary exchange relations: A rational-choice model and an analysis of power centralization. American Sociological Review 61, S. 308-332.

13 Nachwort zur zweiten Auflage

Acht Monate nach dem Erscheinen der ersten Auflage ist diese schon vergriffen und hat zum raschen Herauskommen dieser zweiten Auflage geführt, dennoch gibt es auch in dieser kurzen Zeit im Bereich Wissensmanagement viele neue Entwicklungen. In diesem Nachwort zur zweiten Auflage werden wir ein paar der neueren Tendenzen kurz ansprechen und damit andeuten, in welche Richtung sich der Diskurs zum Wissensmanagement derzeit bewegt. Wissensmanagement, dies verdeutlicht zugleich die Mehrheit der Fallbeispiele in diesem Buch, ist in großen Unternehmen entwickelt worden. Dabei liegt die Betonung sowohl auf groß als auch auf Unternehmen. In jüngster Zeit sind überdies kleine und mittelständische Unternehmen mehr und mehr in den Blick geraten. Hier muss allerdings Wissensmanagement ganz anders aussehen als in Großunternehmen. Darüber hinaus ist Wissensmanagement nicht nur für Profit-Organisationen, sondern ebenso für Non-Profit-Organisationen wichtig. Schon in diesem Band haben wir mit dem psychiatrischen Krankenhaus einen Bereich behandelt, in dem momentan das Thema Wissensmanagement boomt: die Gesundheitswirtschaft. Auf Grund der Bedeutung und der bisher noch wenigen Literatur zu diesem Thema wird daher in diesem Nachwort auf den Bereich Gesundheitswirtschaft etwas ausführlicher eingegangen. Aber auch in der öffentlichen Verwaltung ist mittlerweile das Thema Wissensmanagement angekommen. Natürlich sind auch hier wieder eigene Bedingungen zum Gelingen der Wissensmanagementaktivitäten zu beachten.

Daneben ist eine Diskussion entstanden, die sich in der internen Legitimationsproblematik von Wissensmanagementprojekten begründet. Soll Wissensmanagement betriebsintern „verkauft" werden, dann muss angegeben werden können, was es kostet und welchen Beitrag es zum Gewinn einer Organisation beiträgt. Dahinter verbirgt sich die Frage: Wie kann ich Wissen messen?

Aus den in den Kapitel 3 und 4 theoretisch und empirisch dargelegten Zusammenhängen zwischen intrinsischer Motivation und Wissensmanagement ergeben sich Konsequenzen für das theoretische Verständnis des Management-Handelns. Klassische Vorstellungen der Steuerungsfähigkeiten des Managements sind nicht mehr haltbar.

Ebenso zeichnet sich gegenwärtig eine Integration der beiden Bereiche Wissensmanagement und E-Learning ab. Hier ist jedoch zu beachten, dass im Bereich E-Learning Qualifikationen und im Bereich Wissensmanagement Kompetenzentwicklung angestrebt wird.

Das Projekt, aus dem dieses Buch hervorgegangen ist, war die erste größere Untersuchung zum Thema Wissensmanagement und Motivation. Mittlerweile sind einige andere gefolgt, mit denen wir unseren Ausblick beginnen wollen.

13.1 Andere Studien zum Zusammenhang Wissensmanagement und Motivation

Die Idee, die Dateneingabe als Gefangenendilemma zu modellieren, ist mittlerweile auch in der Psychologie aufgegriffen worden. An der Uni Tübingen laufen verschiedene Experimentalreihen, welche die Überwindung des Dilemmas im Laborexperiment testen (Creß et al. 2003, Creß 2004). Die Dilemmasituation ist folgendermaßen operationalisiert: Es wird eine betriebliche Arbeitsgruppe mit je sechs Teilnehmern simuliert, die an einem Datenbanksystem die Gehälter von fiktiven Verkäufern berechnen sollen. Die Gruppenmitglieder arbeiten dabei im Einzelakkord und werden als Probanden entsprechend ihrer Leistung nach Abschluss des Experiments bezahlt. Das zu berechnende Gehalt der fiktiven Verkäufer berechnet sich aus einem Grundgehalt und einer Provision. In der ersten Experimentalphase werden nur die Grundgehälter berechnet. Die Gruppenmitglieder haben die Möglichkeit, die berechneten Grundgehälter in eine Datenbank einzugeben und damit allen anderen Gruppenmitgliedern zur Verfügung zu stellen. Die Dateneingabe kostet aber extra Zeit, die den Einzelakkord, d.h. den Verdienst in der ersten Phase verringert. Hier wäre es also individuell rational, keine Daten in die Datenbank einzugeben. In der zweiten Phase müssen die Gruppenmitglieder die Gesamtgehälter der fiktiven Verkäufer berechnen. Auch hier erhalten die Probanden einen Akkord, der sich an der Anzahl der berechneten Gehälter bemisst. Da in dieser Phase allerdings Grundgehalt und Provision benötigt werden, muss der Proband entweder auf das Grundgehalt zugreifen, das in der Datenbank eingegeben worden ist (von ihm oder einem anderen Gruppenmitglied – die Probanden erhalten in der zweiten Phase nicht die gleichen fiktiven Verkäufer, wie in der ersten Phase) oder es noch einmal berechnen. Die erneute Berechnung kostet aber Zeit und reduziert somit den Verdienst. Das Experiment simuliert somit eine Gefangenendilemmasituation: Individuell rational ist es, keine Daten in die Datenbank einzugeben, aber darauf zu hoffen, dass die anderen Gruppenmitglieder dies tun, um in der zweiten Phase schneller arbeiten und somit mehr Geld verdienen zu können.

Mittlerweile sind unterschiedliche Versuchsreihen mit über 400 Probanden durchgeführt worden. Insgesamt haben sich dabei bisher ca. 30% der Versuchsteilnehmer als free-rider verhalten, 20% waren kooperativ und die restlichen 50% verfolgten eine Misch-Strategie: Um individuelle und kollektive Interessen auszugleichen wurde ca. jedes zweite Grundgehalt in die Datenbank eingegeben.

In der Experimentalsituation kann der Frage nachgegangen werden, welche Anreize das free-rider Verhalten unterbinden und somit Kooperation erzeugen. In der ersten Experimentalreihe werden dazu vier Gruppen gebildet: Eine Experimentalgruppe ohne Anreize, eine zweite Gruppe ohne Anreize, die aber ein Feedback über die Nutzung der eingegeben Daten erhält, eine dritte Gruppe, die einen Anreiz für die Dateneingabe erhält, der ungefähr dem Verdienstausfall durch den Zeitverlust der Dateneingabe entspricht sowie eine vierte Gruppe, die die Dateneingabe durch Anreize überkompensiert bekommt. Sowohl die dritte als auch die vierte Gruppe bekommt ebenso ein Feedback über die Nutzung der Datenbankeinträge, die jeder selbst gemacht hat (Creß et al. 2003). In dieser Experimentalreihe hat der materielle selektive Anreiz einen Effekt bei der Dateneingabe erzeugt. Allerdings ist der Effekt bei der dritten und vierten Gruppe fast gleich, d.h. die Erhöhung des selektiven Anreizes erhöht nicht die Dateneingabe. Die Bedingung des Feedbacks dagegen erzeugt keinen Effekt. Da es sich um einen Anreiz handelt, der zusätzlich über das Feedback auch die Nutzung der eingegebenen Datensätze beachtet, ist hier eine stärkere Selektion zu beobachten: Es werden in den Gruppen mit Anreize noch stärker darauf geachtet, wichtige Daten einzugeben, d.h. solche, die vermutlich häufiger abgerufen werden. Darüber hinaus gelten zusätzlich die in diesem Buch (vgl. Kapitel 3.3.2) ausgeführten Überlegungen zu den dysfunktionalen Effekten und den Grenzen von selektiven Anreizen.

In nachfolgenden Experimentalreihen sind weitere Maßnahmen zur Senkung des free-rider Verhaltens einbezogen worden. So kann die Senkung der Eingabekosten (in Form des Arbeitsaufwandes) die Bereitschaft zur Dateneingabe erhöhen. Ebenso können Regeln, die vorschreiben, wie viele Daten jeder Mitarbeiter in die Datenbank eingibt, die Bereitschaft der Dateneingabe erhöhen, wenn diese Regeln immer für alle Akteure sichtbar sind und sie so daran erinnert werden. Natürlich wirken in der Arbeitsgruppe auch soziale Gruppennormen: Wenn die sechs Gruppenmitglieder sich kennen (operationalisiert über Bilder von allen Gruppenmitgliedern), dann steigt der Informationsaustausch via Datenbank. Ebenso hat das Wissen darüber, ob die Gruppe sich insgesamt kooperativ verhält, einen Einfluss auf die eigene Kooperationsbereitschaft.

Natürlich bleibt die Schwäche jeder psychologischen Experimentalreihe auch hier erhalten: Probanden sind Studierende, die in eine künstliche Situation versetzt werden. In einer realen Unternehmenssituation spielen noch viele andere Faktoren eine Rolle, die das kooperative Verhalten beeinflussen und die dort zu ganz anderen Ergebnisse führen können. So kommt z.B. die in der Praxis außerordentlich wichtige Variable der Partizipation nicht in den Blick.

13.2 Vom Großunternehmen zum KMU

Erste Erfahrungen mit Wissensmanagement haben Großunternehmen gesammelt. Dies ist auch nicht verwunderlich, zum einen können sie sich – im Gegensatz zu KMU – eher eine Stabsabteilung leisten, die das Thema in das Unternehmen trägt. Zum anderen ist bei Großunternehmen die Notwendigkeit unlängst gegeben, insbesondere wenn IT-Tools im Wissensmanagement verwendet werden. IT-Tools sind immer dann notwendig, wenn nicht alle Personen zur gleichen Zeit am gleichen Ort sein können. Heute besteht jedes größeres Unternehmen aus mehr als nur einer Niederlassung und die Mitarbeiter kennen sich auch auf Grund der Größe nicht persönlich. Computergestützte Kommunikation ist zur Überwindung der Distanzen in solchen Fällen immer hilfreich. Viele kleine und mittlere Unternehmen konnten sich im Gegensatz dazu bisher teure Software kaum leisten. Außerdem kämpfen sie häufig mit dem Problem, dass sie nicht alle Expertise, die sie benötigen, auch im eigenen Haus haben. Damit ist sowohl die Speicherungsfunktion als auch die gemeinsame Wissensgenerierungsfunktion nicht gegeben. Das letzte Problem kann mit Hilfe von Netzwerken gelöst werden. „Insbesondere für die kleineres, mittelständischen Unternehmen in wissensintensiven Branchen ist die Bildung von Netzwerken eine Handlungsstrategie, die die Probleme der Wissensdynamik, der Personengebundenheit und der Kontextabhängigkeit des Wissens unter der Voraussetzung begrenzter Ressourcen auflösen kann" (Howaldt et al. 2004: 117). Howaldt, Klatt und Kopp (2004) unterscheiden dabei drei verschiedene Typen von Netzwerken, die sich herausbilden: strategische Netzwerke, virtuelle Unternehmen und Communities. Das Managen solcher Netzwerke ist allerdings komplizierter als die Initiierung von Wissensmanagement innerhalb eines Unternehmens. Zum einen sind mehrere Unternehmen oder auch Einzelpersonen als Freelancer in solchen Netzwerken zusammengeschlossen. Dadurch entsteht immer ein Mehrebenenproblem: Die Handlungen im Netzwerk müssen mit der eigenen Organisation rückgekoppelt werden. Zum anderen entfällt die hierarchische Zugriffsmöglichkeit. Personen, die nicht der eigenen Organisation angehören, können auch nicht zur Verantwortung gezogen werden. Damit verbunden ist auch ein Motivations- und Interessenproblem. Wer gibt welches Wissen preis? Wettbewerbsrelevantes Wissen soll nicht kostenlos dem Wettbewerber zur Verfügung gestellt werden. Bei der Einbindung von Freelancer verstärkt sich dieses Problem. Da sie nur auf Zeit in das Netzwerk eingebunden sind, haben sie ein Interesse an Nachfolgeaufträge oder an eine feste Anstellung und werden deshalb ihre Expertise „dosiert" einsetzen, um dieses Interesse durchzusetzen. Aus diesem Grunde wird zuerst eine Vertrauensbeziehung in solchen Netzwerken durch kleinere Projekte aufgebaut. Im Erfolgsfalle wird dann das Engagement jeweils erhöht.

Das Problem der hohen Software-Kosten ist mittlerweile durch öffentlich finanzierte Shareware gelöst worden. So gibt es z.B. die Software WIZUM, die speziell für kleinere Unternehmen und Handwerksbetriebe entwickelt wurde und die sich jedes Unternehmen selbständig an die betriebsspezifischen Bedürfnisse anpassen kann. Ein kostenloser Download existiert über die Homepage (http://www.wizum.de).

13.3 Kann Wissen gemessen werden?

In jüngster Zeit hat neben den gerade angesprochenen Entwicklungen auch die Frage nach der Messung von Wissen Konjunktur. In der innerbetrieblichen Auseinandersetzung müssen sich Wissensmanagementprojekte immer wieder vom Controlling Fragen nach dem materiellen Gewinn bzw. der Beteiligung des Wissensmanagements am Gesamterfolg des Unternehmens gefallen lassen.

Zur Messung werden Instrumente des Human Capital Managements herangezogen (Scholz et al. 2004). Die Grundidee dabei ist: Das Wissen der Mitarbeiter muss auf der Habenseite bilanziert und nicht als Kostenfaktor verbucht werden. Ähnlich, wie es schon immer bei Profifußballvereinen der Fall ist, wird die Mannschaft, d.h. der Transferwert der Spieler als Kapital und nicht als Kosten verbucht. Allerdings ist die Operationalisierung beim Thema Wissensmanamgement schwierig. Grundsätzlich wird häufig zwischen deduktiv-summarische Bewertungsansätze (z.b. Marktwer-Buchwert-Relation, Tobin's q, Calculated Intangile Value, Value Added Intellectual Capital) und induktiv-analytische Bewertungsansätze (Intangible Assets Monitor, Intellectual Capitol Navigator, Balanced Scorecard, Balanced Scorecard für das Wissensmanagement, Skandia Navigator, IC-Rating und die Wissensbilanz) differenziert. Scholz et al. (2004) differenzieren marktwertorientierte (z.B. Markt-Buchwert-Realtion), accounting-orientierte (z.B. Human Resource Accounting), indikatorbasierte (z.B. Balanced Scorecard), Value Added (z.B. Maket Value Added) und ertragsorientierte Ansätze (Calculated Intangible Value).

Das intellektuelle oder Wissenskapital differenziert sich dabei in Humankapital, organisationales Kapital und schließlich in Beziehungskapital. Humankapital ist definiert als Wissen, Fähigkeiten und Kreativität der Mitarbeiter. Unter organisationalem Kapitel wird Struktur- und Prozesskapital sowie Markenimage verstanden. Beziehungskapital bedeutet Verfügung über Kunden- und Lieferantenbeziehungen sowie entsprechenden Netzwerken zu relevanten Akteuren. In der öffentlichen Diskussion sind dabei der Skandia Navigator und die Balanced Scorecard bekannt geworden. Beide sind den indikatorbasierten Ansätzen zuzurechnen. Der Skandia Navigator ermittelt das Human Capital als Produkt von Effizienz des intellektuellen Kapitals mal der intellektuellen Kapital-Maßzahl. Die Effizienz des intellektuellen Kapitals wird aus Prozentangaben folgender Indikatoren zusammengesetzt: Marktanteil, Index zufriedene Kunden, Index Führungskräfte, Index der Motivation, Index F&E-Ressourcen/Gesamtressourcen, Index der Schulungsstunden, Leistungs- und Qualitätsziele, Mitarbeiterbindung, Verwaltungseffizienz/Einnahmen. Die Berechnung der intellektuellen Kapital-Maßzahl erfolgt durch 21 Indikatoren. Die für das Human Capital relevanten sind: Investition in Mitarbeiterqualifikation, Investition in Schulung der Mitarbeiter auf neue Produkte, Kosten der Qualifikation für freie Mitarbeiter, Kosten der Qualifikation und Support für festangestellte Mitarbeiter, Kosten für Qualifikation der befristet angestellten Mitarbeitern. Der Skandia Navigator ist in den schwedischen Firmen mittlerweile durch ein modifiziertes Konzept der Beratungsfirma Celemi abgelöst worden.

Die Balanced Scorecard unterscheidet vier verschiedene Perspektiven: die Finanz-, Kunden-, interne Geschäftsprozess- und die Lern- und Wachstumsperspektive. Letztere beinhaltet das Human Capital. Zentrale Messgrößen sind dabei: Mitarbeiterzufriedenheit, Mitarbeiterbindung und die Produktivität der Mitarbeiter. Operationalisiert wird dies u.a. über Mitarbeiterbefragungen, Fluktuationsraten, umgesetzte Verbesserungsvorschläge, Fehlzeiten, abteilungsübergreifende Projekte. Jedes Unternehmen erarbeitet sich dabei ein auf die eigenen Bedürfnisse zugeschnittenes Set an Indikatoren.

Ein in der letzten Zeit in Deutschland sehr populäres Instrument ist die Wissensbilanz. Anders als der Name suggeriert, geht es nicht um eine statische Soll-Haben-Auflistung, sondern um die Analyse und die Kommunikation von Ursache-Wirkungszusammenhängen. Dazu werden auch hier zuerst die einzelnen Faktoren für Human-, Struktur- und Beziehungskapital für das jeweilige Unternehmen mit den Mitarbeitern zusammen definiert und operationalisiert. Dann wird eine Einflussmatrix der einzelnen Faktoren erstellt, um so die besonders wichtigen identifizieren zu können. Anschließend wird die Wirkung der einzelnen Faktoren auf die (ebenfalls vorher definierten) Unternehmensziele bestimmt. Hier steht die Betrachtung der besonders wichtigen Faktoren im Mittelpunkt. Was sind also die einzelnen Faktoren, die einen besonders hohen Einfluss auf die Unternehmensziele haben? Welches der einzelnen Kapitalsorten von Human-, Struktur- und Beziehungskapital hat einen großen Einfluss auf das Outcome des Unternehmens? In den Unternehmen, die dieses Instrument bisher angewendet haben, ergaben sich fast immer als besonders wichtige Faktoren: Mitarbeitermotivation und Mitarbeiterentwicklung.

Die deduktiv-summarischen Ansätze versuchen das Wissenskapital in einer Größe zusammenzufassen. Damit wird ein Wert erzeugt, der sich zwar mit anderen Unternehmen vergleichen lässt, aber in der Regel nichts über die Mitarbeiter und deren Beziehungen und nichts über Wirkungszusammenhänge aussagt. Welcher Faktor innerhalb des Wissenskapitals hat einen großen Einfluss auf das Unternehmensergebnis und welcher nicht? Die Marktwert-Buchwert-Relation z.B. sagt viel über Aktienspekulationen und fast nichts über Wissen in dem Unternehmen aus. Wenn der Aktienkurs fällt und damit die Relation kleiner wird, dann sinkt nicht zugleich das Wissen im Unternehmen. Überhaupt gilt natürlich auch bei der Messung des Wissenskapitals, was in diesem Buch schon ausführlich über selektive Anreize gesagt wurde: Es muss immer genau beachtet werden, was genau mit dem Indikator gemessen wird und was folglich ausgeblendet wird. Je nach Indikator kann auch hier wieder ein dysfunktionaler Effekt erzeugt werden. Unternehmenshandlungen können durch die Indikatoren auch in falsche Richtungen gelenkt werden. So sagt z.B. die Kennzahl „Aufwendungen für Weiterbildungen der Mitarbeiter im letzten Jahr" viel über das löbliche Bemühen des Unternehmens, die eigenen Mitarbeiter zu qualifizieren, aber nichts darüber, ob die Mitarbeiter dies anwenden und selbst neues Wissen im Unternehmen generieren. Es wird lediglich die durch die Weiterbildung erfolgte zertifizierte Qualifikation erfasst, aber keine Wissens- bzw. Kompetenzentwicklung (vgl. Kapitel 13.5).

Insgesamt können die deduktiv-summarischen Ansätze und hier insbesondere die Wissensbilanz herausgehoben werden. Da die Wissensbilanz in einem interaktiven Prozess mit den Mitarbeitern entwickelt wird, erzeugt sie über die Beteiligung höhere Motivation. Im unternehmensinternen Kommunikationsprozess wird die Bedeutung des Wissens herausgestellt und die einzelnen Mitarbeiter erfahren die Bedeutung ihres Wissens für den gesamten Produktionsprozess des Unternehmens. Allerdings kann diese Methode nur dann für Benchmarking-Prozesse benutzt werden, wenn in den Vergleichsunternehmen die gleichen Indikatoren erhoben werden, wie dies z.B. die Export-Akademie Baden-Württemberg macht (http://www.benchmarking.de).

13.4 Auswirkungen des Wissensmanagement auf die Steuerungsmöglichkeiten des Managements

Wie in diesem Buch ausführlich dargestellt, stellt Wissensmanagement das Management vor ein Problem: Es gibt keinen direkten Zugriff auf das Wissen der Mitarbeiter. Auch über klassische Personalinstrumente, wie selektive Anreize, kann keine Steuerung des Wissens in der Organisation sichergestellt werden. Vielmehr muss auf die intrinsische Motivation der Mitarbeiter gesetzt werden. „Sei intrinsisch motiviert!" ist aber eine paradoxe Aufforderung (vgl. Kapitel 3.1.2). Vielmehr lässt sich - wie gezeigt - aber ein Zusammenhang zwischen Arbeitsgestaltung und der Wahrscheinlichkeit von intrinsischer Motivation feststellen. Das Management von Wissen kann demnach nur in solchen Kontextsteuerungen bestehen. Nicht direkt ist das Wissen der Personen managebar, sondern nur über die Gestaltung der Kontexte. Damit verliert jedoch das Management Kontrolle – was vielen Managern nur schwer fällt. Verantwortung an die Mitarbeiter abgeben ist häufig einfacher gesagt als getan. Die Handlungsoptionen des Managements müssen demnach theoretisch neu reflektiert werden. Die Koordinationsfunktion der klassischen Hierarchie verliert an Bedeutung und wird durch neue Koordinationsfunktionen im Verhältnis von Handlungsebene und Strukturebene ersetzt. Wissensarbeit ist nur über Selbststeuerung möglich. Das Management greift in diesem Fall nicht mehr qua Belohnung und Bestrafung direkt in die Handlung der Akteure ein. Dennoch muss der Zusammenhang zwischen Handlung und Struktur dabei stärker betrachtet werden, wie dies schon Crozier und Friedberg mit dem Begriff des Spiels gemacht haben. Die Spielmetapher impliziert zwei Ebenen:

1. die Spielebene, bzw. die Handlungsebene, in der der Datenaustausch und die Generierung neuen Wissens im Rahmen von Wissensmanagement stattfindet;

2. die Ebene der Spielregeln, bzw. die Strukturebene, in der der Handlungsraum für Wissensmanagement festgelegt wird.

Interessante Beispiele für dieses neue Verhältnis sind die Governance-Struktur der Partnerschaft, wie sie in Anwaltskanzleien und Consultingfirmen zu finden ist (Wilkesmann 2005) sowie das zirkuläre Organisieren (Wilkesmann/Romme 2003).

13.5 Die Integration von E-Learning und Wissensmanagement

In jüngster Zeit werden in vielen Unternehmen E-Learning und Wissensmanagement integriert. Historisch fanden in der Regel Parallelentwicklungen statt, weil E-Learning der Weiterbildungsabteilung zugeordnet war und Wissensmanagement einer Projektgruppe oder Stabsabteilung, die dem Vorstand unterstand. Um die Problematik einer möglichen Integration von E-Learning und Wissensmanagement zu verstehen, muss zuvor begrifflich differenziert werden, dass beide unterschiedliche Aufgaben haben: E-Learning dient vornehmlich der Qualifikation von Mitarbeitern, Wissensmanagement der Kompetenzentwicklung (Bönnighausen 2004).

Um Qualifikation und Kompetenz voneinander zu unterscheiden werden hier Qualifikationen als von außen an die Organisationsmitglieder herangetragene Erwartungen definiert, wie etwa formale Bildungsabschlüsse, wohingegen Kompetenzen als Fähigkeiten, Fertigkeiten und Kenntnisse aus der Perspektive des Subjekts betrachtet werden. Durch Qualifikationen werden Organisationsmitglieder in die Lage versetzt, das formal Gelernte in regelgebundenes Handeln umzusetzen (know that). Kompetenzen dagegen beinhalten selbständiges, reflexives und evaluatives Handeln der Organisationsmitglieder (know how). Qualifikationen sind notwendige aber keineswegs hinreichende Voraussetzung, um Kompetenzen entwickeln zu können. Kompetenzen sind stets auf die Erreichung eines bestimmten Zieles ausgerichtet und basieren vor allem auf praktischem Wissen, d.h. Kompetenzen stellen die Befähigung des lernenden Menschen in den Mittelpunkt (know how). Wissen ist somit ein elementarer Faktor im Hinblick auf die Definition von Kompetenzen (vgl. Sydow et al. 2003: 23). Kompetenz bedeutet mit relevantem Wissen umgehen zu können, Wissensbestände anzuwenden, etwas in die Tat umzusetzen, sowie eine Technik zu beherrschen. Kompetentes Agieren bedeutet also: „kognitive Strukturen bzw. Wissen auf die zu erfüllenden Aufgaben beziehen zu können bzw. Erlerntes je nach Situation erfolgreich anzuwenden. Der Kompetenzbegriff umfasst folglich nicht einfach nur ein 'Wissen im Kopf oder im Gedächtnis', sondern Wissen im Verständnis eines praktischen Handlungsvollzugs" (Sydow et al. 2003: 29f).

Aus strukturationstheoretischer Perspektive (vgl. Sydow et al. 2003: 11) wird der Kompetenzbegriff mit der Fähigkeit verbunden, dass sowohl individuelle als auch korporative Akteure unter rekursiver Bezugnahme auf Strukturen auf eine Art und Weise handeln können, um relevante Aufgaben und Probleme zu bewältigen. Dabei schlagen sich – im Sinne der Dualität von Handlung und Struktur – die erlangten Kompetenzen in Handlungen nieder, die rekursiv Strukturen verändern können. Wobei unter 'Strukturen' Regeln und Ressourcen verstanden werden, die gleichzeitig Handeln ermöglichen und beschränken. Die organisationalen Strukturen stehen den Handlungen individueller Akteure nicht gegenüber, sondern fließen unmittelbar mit in diese Handlungen mit ein und umgekehrt schaffen Handlungen von Akteuren Strukturen. Handlungen beziehen sich rekursiv auf Strukturen, die diese dann erweitern (Wiederkehren von Strukturen). Strukturen begrenzen und ermöglichen demzufolge Handeln zugleich (Strukturation), d.h. es findet eine Verknüpfung von Handlung und Struktur statt.

	Qualifikation	Kompetenz
Wissenserwerb	formal	Informell
Wissensart	regelgebundenes Wissen vornehmlich explizierbares Wissen know that	praxisorientiertes Transferwissen vornehmlich implizites Wissen know how
Handlungsfolge	regelgebundenes Handeln	Selbständiges, reflexives und evaluatives Handeln
Organisationale Auswirkungen	Vorhandene Regeln und Ressourcen anwenden → Strukturen reproduzieren	Neues Set an Regeln entwerfen → Ressourcen und Strukturen verändern

Tabelle 1: Qualifikation und Kompetenz im Vergleich (Bönnighausen 2004: 36).

Die Entwicklung von Kompetenzen kann demzufolge auf und zwischen unterschiedlichen Ebenen untersucht werden – zwischen der Ebene von Akteuren und der Ebene sozialer Systeme. Diesbezüglich stellen Kompetenzen ein Mehrebenenphänomen dar (vgl. Sydow et al. 2003: 12). Bezogen auf Qualifikation führt demnach die Anwendung des formal erworbenen Wissens lediglich zur Reproduktion vorhandener Regeln und Ressourcen, sprich den der organisationalen Strukturen. Kompetenzentwicklung dagegen reflektiert immer auch potenziell Veränderung von Strukturen.

Andere Autoren (z.B. Dehnbostel et al. 2002; Elsholz/Dehnbostel 2004) greifen für die explizite Betrachtung dieser Wechselwirkung auf den Begriff der Lernkultur zurück. Es geht für diese Autoren nicht ausschließlich darum, ein Subjekt mit seinen personalen, fachlich-methodischen, sozial-kommunikativen und umsetzungsorientierten Kompetenzen zu betrachten, sondern die Wechselwirkung durch die Einbettung in bestimmte Lernkulturen in den Blick zu bekommen. Dadurch wird - ähnlich wie in der Strukturationstheorie - der wechselseitige Prozess zwischen der Arbeitsgestaltung und dem lernenden Subjekt betont. Kompetenzentwicklung ist – im Gegensatz zur einfachen Qualifikation – nur in Situationen möglich, die eine Reflexion über Strukturen und damit eine Veränderung derselben ermöglichen.

Dass berufliche Kompetenzentwicklung und Selbstorganisation des Lernens im Vordergrund stehen sollte, wird im Diskurs der beruflichen Weiterbildung immer betont, dass dies jedoch nur in entsprechend gestalteten Lernorten möglich ist, die Kompetenzentwicklung unterstützen und selbst organisiertes Lernen ermöglichen, kann aus der Perspektive des Wissensmanagements ergänzt werden.

Die Integration von E-Learning und Wissensmanagement hat nun zu bedenken, dass E-Learning Qualifikationen ermöglicht, während Wissensmanagement – im Idealfalle – Kompetenzentwicklung unterstützt (Bönnighausen 2004). Kompetenzen entwickeln sich am besten, wenn Organisationsmitglieder – im Sinne der selbstgesteuerten Kompetenzentwicklung – intrinsisch motiviert sind und Kompetenzen aktiv angeeignet werden, d.h. der Lernprozess von Individuen weitgehend selbst gestaltet wird. Organisationsmitglieder kontextualisieren dabei ihre Erfahrungen und entwickeln sich dadurch zum Experten weiter. Während Qualifikation mit Hilfe von E-Learning durchaus unter Zwang "verordnet" werden

kann, indem keine Alternative zur Weiterqualifizierung in Form von Präsenz-
veranstaltungen gegeben wird, ist die Anwendung und Nutzung von Wissensmanagement zur Kompetenzentwicklung eher freiwilliger Natur und hängt stark
von der individuellen Motivation ab.

13.6 Die Gesundheitswirtschaft

Auch in der Gesundheitswirtschaft ist Wissensmanagement mittlerweile ein
wichtiges Stichwort. Dies verwundert umso weniger, je mehr sich vor Augen
gehalten wird, dass die Gesundheitswirtschaft der Bundesrepublik eine sehr große Wirtschaftsbranche geworden ist: Mitte der 90er Jahre waren ca. 4 Millionen
Menschen dort beschäftigt. Dies entspricht 11,2% an der Gesamtbeschäftigung.
Im eigentlichen Gesundheitswesen, den Kernsektoren der ambulanten und stationären Gesundheitsversorgung, arbeiten ca. 3,8 Millionen Menschen (E-
vans/Hilbert 2002). Momentan verändern sich die Strukturmuster des Gesund-
heitssystems fundamental. Eine funktional hierarchisch gegliederte Organisationsform wird durch eine prozessorientierte Organisationsform ersetzt, die über
die Organisationsgrenzen hinausgeht. Der Prozess „Behandlung und Gesundung
des Patienten" steht im Vordergrund der Betrachtung und transzendiert die Organisationsgrenzen des Krankenhauses. Dieser Prozess beginnt nämlich vor der
Einweisung und hört nicht mit der Entlassung aus dem Krankenhaus auf. Folglich müssen die vor- und nachgelagerten Schritte dieses Prozesses organisatorisch integriert werden. Dadurch sind die primären Prozesse dieser Dienstleistung definiert und andere Prozesse sind nur als sekundär oder tertiär einzustufen.
Alle Prozesse sind aber auf den primären Prozess hin auszurichten. Die Integration dieser kann nur über ein Wissensmanagementsystem effizient und effektiv
erfolgen. Es entstehen dabei Netzwerke der Versorgung, die die niedergelassenen Ärzte mit integriert. Ebenso können andere Einrichtungstypen – z. B. stationäre Pflegeeinrichtungen oder ambulante Pflegedienste – in diesen Prozess integriert werden. Außerdem sind durch die Fallpauschalen Anreize für betriebs-
wirtschaftliches Handeln in das Gesundheitssystem eingeführt worden. Diese
bewirken wiederum, dass das meiste Geld für den primären Prozess ausgegeben
wird und alle anderen Unterstützungsfunktionen sich am primären Prozess –
auch monetär – orientieren müssen.

Das Wissensmanagement muss in diesem Falle sehr prozessorientiert ausgerichtet sein und das Wissen der einzelnen Prozessschritte verknüpfen. In einer der letzten klassisch hierarchischen Organisationen, die neben dem Militär und der katholischen Kirche bis heute überlebt haben, fällt dies besonders schwer, da im Krankenhaus viele „Fürstentümer" existieren, zwischen denen traditionell keine Informationen weiter gegeben werden. Wissensmanagement bekommt hier die neue Aufgabe der Koordination zur Sicherstellung eines zielorientierten Zusammenwirkens von Menschen, Sachmitteln und Aufgaben in einer (bisher noch!) stark hierarchischen Struktur zu. Ebenso müssen die Einzelleistungen der Diagnostik, Therapie, Pflege und Hotelversorgung planvoll gestaltet und für den geordneten Ablauf in den primären Prozess integriert werden (Perrevort 2003). Dies ist gerade vor dem Hintergrund mikropolitischer Auseinandersetzungen nicht immer einfach.

Im Folgenden werden exemplarisch Wissensmanagementprojekte in der Krankenhausorganisation und in der Pflege vorgestellt.

1. Forschung und Projekte zum Wissensmanagement im Krankenhaus

Das Krankenhauses gliedert sich typischerweise in die Hauptberufsgruppen des ärztlichen Dienstes, des Pflegedienstes und des nicht-medizinischen Bereichs sowie der Verwaltung. Die Krankenhausleitung spiegelt diese Differenzierung in der Regel wieder. Diese wiederum untersteht dem Krankenhausträger, bei dem letztlich die wirtschaftliche Verantwortung des Krankenhausbetriebs liegt. Alle Akteure vertreten dabei unterschiedliche Ziele des Krankenhauses, die nicht immer einfach – ohne Zielkonflikte – integriert werden können. Keines dieser Ziele kann vernachlässigt werden, aber die wirtschaftliche Existenzsicherung ist in den letzten Jahren immer mehr in den Vordergrund getreten. Vor allem die extern vorgegebene Kosteneinsparung führen zu dem großen Problem des Personalabbaus, so dass sich einige Ziele nicht mehr so einfach realisieren lassen.

Wissen ist im Krankenhaus in vielfältigen Formen vorhanden. Neben einzelnen Experten als Wissensträger (Verwaltungsmitarbeiter, Ärzte und Pflegepersonal) sind schon vielfältige Informationen als Daten in Akten und Datenbanken gespeichert, welche durch Wissensmanagementsysteme nun problemorientiert zugänglich gemacht werden sollte. Auch durch die Prozessorientierung über die Organisationsgrenzen des Krankenhaus hinaus entstehen neue Wissensquellen, die alle in ein Wissensmanagementsystem integriert und für alle zugänglich gemacht werden muss. Wissen ist aber nicht nur kodifiziert, sondern vielfach auch als Erfahrungswissen im Krankenhaus vorhanden. Um dieses Wissen, welches in der Regel implizit vorliegt, nutzbar zu machen, muss ein Rahmen gestaltet werden, der es ermöglicht, Wissen sinnvoll zu organisieren und vor allem bedarfsgerecht abrufbar zu machen, um es organisationsweit und darüber hinaus zu verteilen. Experten sitzen oft an verschiedenen Orten im Krankenhaus oder in anderen Krankenhäusern, in Forschungseinrichtungen, bei Krankenkassen oder bei Sozialversicherungsträgern. Beim impliziten Wissen wird Dritten der Zugang sehr erschwert, da dieses Wissen auf subjektiven Einsichten und Intuitionen beruht. In der Krankenhauspraxis handelt es sich bei den internen Wissensträgern in der Regel um langjährige Mitarbeiterinnen und Mitarbeiter, die seit Jahren detaillierte Erfahrungen in der Krankenhausorganisation besitzen. Schaut man sich aktuelle Projekte an (z.B.: Lösungen für ein integriertes Kreativitäts- und Wissensmanagement im Dienstleistungsprozess der Universität Stuttgart, Institut für Arbeitswissenschaft und Technologiemanagement; Forschungs- und Entwicklungsprojekt Wissensmanagement für Stations- und Abteilungsprozesse im Krankenhaus, ein Projekt der evangelischen Fachhochschule Berlin; Know IT der Universität Witten Herdecke), so ist vor allem die Tendenz zu schlankeren Lösungen zu beobachten sowie eine starke Integrationstendenz mit „verwandten" Systemen und Ansätzen. Dazu zählen besonders Konzepte aus dem Human Resource Management und dem E-Learning (vgl. Kapitel 13.5). Auch im Krankenhaus wird Wissensmanagement im ersten Schritt als Fortführung und Umsetzung der einzelnen Ansätze zur Informations- und Datenverarbeitung verstanden, mit dem Ziel, diese in einem System zu integrieren und für neue Konzepte einen organisationalen Rahmen zu entwickeln, in den zukünftige Projekte eingebunden werden können.

Auch im Krankenhaus ist zwischen technologischen Tools und face-to-face Tools zu differenzieren. Implizites Wissen kann nur über die Bildung von internen Communities of Practices (COP) kontextual gesteuert werden. Explizites Wissen dagegen kann durch technische Tools erfasst und an die relevanten Nutzergruppen strukturiert zur Verfügung gestellt werden (z.B. Prozesskosten, DRG-Berechnungen). Als Zielgröße soll die unterstützende Software medizinische und pflegerische Kernprozesse optimieren, Leitlinien und Standards zur Verfügung stellen, aber auch Work Flow und Facility Management verbessern und letztendlich einen ganzheitlichen Ansatz des Klinikangebotes ermöglichen.

Wissensmanagement wird auch bei der Veränderung von Prozessabläufen im Krankenhaus eingesetzt. Allzu häufig noch leiden die Abläufe in der Gesundheitswirtschaft unter mangelnden Standards. Dies reicht vom Zukauf von Dienstleistungen, die als externe Prozesse nicht mit den Prozessen im Krankenhaus voll integriert sind, bis hin zu zentralen Abläufen in Krankenhäusern. Beispiele dafür sind patientenorientierten Beschaffungs- und Warenverteilungsorganisation, das „Durchschleusen" der Patienten von der Aufnahme bis zur OP-Planung. Ebenso müssen die in den letzten Jahren reichlich durchgeführten Qualitätssicherungskonzepte (EFQM Excellence Modell, KTQ oder andere) ins Wissensmanagement integriert werden. Anders als bei den Qualitätsmanagementkonzepten ist jedoch nicht ein Prozess in seinem status quo festzuschreiben, sondern genau im Gegenteil sind ständiges Lernen und Verbesserungsprozesse in Gang zu bringen. Die Einflussfaktoren, welche das Krankenhaus der nächsten Jahre bestimmen, erfordern eine immer höhere Qualität bei immer besserem Kostenmanagement. Durch diese Art des Wissensmanagements ergeben sich verschiedene Möglichkeiten, um flexibel auf Anforderungen der externen Qualitätssicherung, der internen Qualitätssicherung, wie auch der Forschung und Lehre einzugehen. Wissensmanagement muss durch die Unterstützung von kontinuierlichen Verbesserungsprozessen (KVP) zu einer flexiblen und lernfähigen Organisation beitragen, die den medizinischen, ökonomischen und wissenschaftlichen Anforderungen des modernen Krankenhauses und damit des organisationalen Lernens gerecht werden. Wichtig in diesem Prozess ist auch die Umstellung von reinen Papierarchiven, die nur suboptimal Lernprozesse unterstützen können, zu strukturiert erstellten Dokumenten (CI) wie auch zu eingescannten Dokumenten (NCI). Erst durch eine elektronische Archivierung sind Workflow-Applikationen und die Integration der Elektronischen Patientenakte (EPR) sind ganzheitliche Arbeitsprozesse möglich. Denn nur so kann Wissen aus Dokumenten optimal verteilt, Wissen über Prozesse neu strukturiert und dadurch Lernprozesse ermöglicht werden. Letztendlich können solche Systeme dann in einem umfassenden Content Warehousing oder einem Content Mining münden, innerhalb derer es ebenso möglich ist, Wissen aus der Welt der Medizin und hausinternes Wissen ständig zu vergleichen und bidirektional zu erneuern (Kuhlemann 2000). Dies sind technische Tools, die das organisationale Lernen im Krankenhaus unterstützen können. Die Schwierigkeit liegt allerdings in der eigentlichen Umsetzung, die auf Grund der hierarchischen Struktur und der Geschichte des Krankenhauses oft in mikropolitischen Machtkämpfen enden kann.

2. Forschung und Projekte zum Wissensmanagement in der Pflege

Krankenpflege ist sicherlich der Beruf, der auch heute noch für die meisten Mensche hoch emotional besetzt ist. Diese Emotionalität ist aber ambivalent, da sie zwischen „helfen wollen" und auf Grund externer Restriktion „nicht helfen können" balancieren muss. Außerdem befindet sich die Pflege momentan in einem starken Professionalisierungsprozess. Sie entwickelt sich zu einer eigenständigen, wissenschaftlichen Disziplin, die eine eigene Profession mit entsprechenden Standards entwickelt und sich nicht mehr als medizinorientierte Zuarbeit versteht. Aus diesem Kontext heraus stellt sich die Frage nach einer optimalen und wirtschaftlichen Behandlung des Patienten neu. Eine alternde Gesellschaft kann und wird sich höhere Ausgaben für ihr Gesundheitswesen – gerade als Wachstumsfaktor – leisten können und müssen. Dann wird die Zahl der benötigten Pflegekräfte stark ansteigen. Eine Qualifizierung, Weiterqualifizierung und Kompetenzentwicklung der Pflegekräfte wird in diesem Falle dringend notwendig. Formen des Wissensmanagement, in denen Informationen weitergegeben werden, sind in der Pflege keine Neuheit – auch wenn sie bisher nicht Wissensmanagement hießen. Schon immer haben Pflegefachkräfte sich zusammengesetzt, über ihre Arbeit gesprochen, nach Lösungen für Problemen gesucht und diese manchmal auch in Dokumenten festgehalten, teilweise sogar über Bibliotheken und Weiterbildungsabteilungen kommuniziert. Allerdings verlief bisher der Umgang mit Wissen eher unsystematisch, zufällig und informell. Dies führt nach wie vor dazu, dass Wissen oft nicht genutzt wird bzw. nicht genutzt werden kann. Letzteres war und ist immer dann der Fall, wenn sich Verantwortlichen auf Funktions- oder Stellenbeschreibungen berufen, die aber häufig überholt sind. Deshalb ist es wichtig, allen Mitarbeitern deutlich zu machen, dass es beim Wissensmanagement um die Verbesserungen der Arbeitssituation in der chronisch unter Personalengpässen leidenden Pflege geht. Hier sind besonders das implizite Wissen der Pflegekräfte sowie die Explikation dieses Wissens hervorzuheben. Kurz beleuchtet werden sollen aktuelle Befunde zur Verbesserung des Erfahrenswissens (Büssing et al. 2004).

Impliziten Wissens wird hauptsächlich durch Erfahrungen in Arbeitssituationen gewonnen (vgl. Kapitel 2.2). Erst durch eine Explikation und damit eine Bewusstmachung impliziten Wissens kann eine Reflektion über falsche Inhalte und ihre Korrektur auslösen. Untersuchungen über kritische Pflegesituationen, in denen implizites Wissen angewendet wird, basieren dabei auf folgenden Kriterien: Lösbarkeit, hoher Aufforderungscharakter der Situation, Mehrdeutigkeit der zur Verfügung stehenden Informationen und verschwommene Informationslage, Beobachtung von Auswirkungen des Handelns und von sinnlicher Information sowie Verfügbarkeit technischer Mittel. Das explizite Wissen kann durch Fragen zu Symptomen (überraschend in Pflegesituationen auftretende Krankheitsbilder) erhoben werden. Theoretisch spricht zwar einiges für den Nutzen einer Explikation impliziten Wissens, besonders zur Qualifikation von Novizen, dennoch zeigen erste Erfahrungen von Projekten, an denen die Autoren beteiligt sind, dass keine generellen Empfehlungen hinsichtlich der Nützlichkeit der Explikation für Forschung und Praxis gegeben werden können. Einige allgemeine Voraussetzungen lassen sich aber benennen: Die Pflegekräfte müssen in der Lage und Willens sein, sich unter Umständen mit einem schlechten Handlungsergebnis (Patient hat eine lebensbedrohliche Lungenembolie oder fällt in ein diabetisches Koma) und dem zu Grunde liegenden möglicherweise fehlerhaften impliziten Wissens näher zu beschäftigen. Es muss eine weitgehende Reflektion einsetzen und das korrigierte explizite Wissen dabei wieder in das Erfahrungswissen integriert werden. Fasst man die Ergebnisse zusammen, ergibt sich folgendes Muster: Erfahrene Pflegekräfte profitieren nicht oder nur in einem geringem Ausmaß von der Explikation ihres impliziten Wissens, bei unerfahrene Kräfte ist durch die Explikation eine positive Veränderung der Handlungsgüte festzustellen.

13.7 Die öffentliche Verwaltung: Das Beispiel Rechtsamt

Die KGSt (Kommunale Gemeinschaftsstelle für Verwaltungsvereinfachung; www.KGSt.de) hat schon 2001 das Thema Wissensmanagement in Kommunalverwaltungen aufgegriffen. In der Praxis kommt es aber momentan erst in den kommunalen Verwaltungen an. Dabei liegt auch hier auf der Hand, dass Wissensmanagement viele sinnvolle Vereinfachungen und Quellen neuen Wissens eröffnet (vgl. Edeling et al. 2004). Ein Beispiel dafür ist das vom BMWA geförderte Projekt „Wissensmanagement für kommunale Rechtsämter" (http://www.wissenmanagen.net; vgl. Beyer 2004). Rechtsämter sind Dienstleister für andere kommunale Fachämter. Wenn dort gegen Privat- oder juristische Personen Erlasse ergehen, können diese dagegen Widerspruch einlegen. So muss das Ordnungsamt die Konzessionierung von Gaststätten vornehmen, die Abteilung „ruhender Straßenverkehr" versendet die berühmten Zahlungsaufforderungen auf Grund von falschem Parken und viele andere Bescheide werden auf Grund von Verwaltungsordnungen erlassen. Erhebt nun eine private oder juristische Person dagegen Widerspruch, wird daraus ein Rechtsfall und das jeweilige Fachamt benötigt die juristische Hilfe des Rechtsamtes. Das Produkt des Rechtsamtes ist demnach die juristische Fallbearbeitung, um in einem speziellen Fall Rechtssicherheit zu erzeugen. Zu diesem Zweck müssen Juristen in den Rechtsämtern wissensintensive Dienstleistungen verrichten. Zwar sind bei Verwaltungs-, Amts- und Landgerichte kommunale Rechtsämter nicht zugelassen und deshalb müssen sie auf private Rechtskanzleien zurückgreifen. Die Rechtsämter fungieren aber als Auftraggeber gegenüber diesen Kanzleien und kontrollieren ihre Arbeit und bereiten entsprechend die Fälle vor. Die juristische Fallberatung der kommunalen Rechtsämter ist ein wunderbares Beispiel für wissensintensive Dienstleistungen, da zum einen gesetzliche Anforderungen und Vorgaben erfüllt werden müssen, zum anderen müssen Fristen, Prioritäten und einzubindende Verfahrensbeteiligte sichergestellt werden. Außerdem – und dies ist zentral – muss der jeweilige Fall mit vielen Stellen kommuniziert werden: Es bedarf Information des jeweiligen Fachamtes zu dem Fall, es muss zusätzlich mit dem Gericht kommuniziert werden und es muss eine Recherche zur Rechtslage und bisherigen Urteilen durchgeführt werden. Dabei können die festgesetzten Fristen unter Umständen sehr kurz sein. Bei einem Eilantrag gegen eine Auflage kann dies manchmal nur wenige Stunden betragen. Dabei existieren zwei Probleme: Bisher sind alle Akten nur in Papierform verfügbar, so dass die Anforderung der Akten viel Zeit in Anspruch nimmt. Außerdem sind die Probleme der Rechtsämter einzelner Kommunen sehr ähnlich, aber es findet kein wechselseitiger Wissensaustausch statt. So muss juristisch gesehen in jedem Rechtsamt das Rad neu erfunden werden. Dies lässt sich dadurch verhindern, indem die Rechtsämter einzelner Kommunen zusammen arbeiten und entsprechend vernetzt werden – auch auf der Wissensebene. Ähnliche Fälle, die schon in anderen Rechtsämtern bearbeitet worden sind, können als Vorlage für den eigenen Fall dienen. Aus Gründen der Rechtssicherheit müssen die digitalen Akten bei den einzelnen Rechtsämtern bleiben, sodass eine peer-to-peer Verbindung zwischen den einzelnen Rechtsämtern stattfindet. Ein zentraler Server verzeichnet dabei die einzelnen Rechtsämter sowie deren Mitarbeiter mit deren jeweiligen Expertisen, wodurch jeder schnell weiß, bei wem er Hilfe in einem speziellen Fall erfragen kann. Es kann nach Fachgebieten oder aber nach relevanten vorherigen Urteilen gesucht werden und anschließend der Kontakt mit dem jeweiligen Fachamt und Mitarbeiter hergestellt werden. Ebenso können öffentliche bzw. öffentlich gemachte Akten für alle als Dokumente zur Verfügung gestellt werden, sodass sich schon aus diesen Dokumenten eine Hilfe für den eigenen Fall ergibt.

13.8 Ausblick auf nachfolgende Projekte

Die Autoren sind momentan in weitere Projekte zum Wissensmanagement involviert. Neben Projekten in der Gesundheitswirtschaft sind sie an einer Evaluation von Wissensmanagement-Projekten in kleinen und mittleren Unternehmen sowie der öffentlichen Verwaltungen (finanziert durch das BMWA) beteiligt. Dort werden geförderte Modellprojekte zum Wissensmanagement evaluiert, öffentlich bekannt gemacht sowie einem internationalen Vergleich und einem Benchmarking-Prozess unterzogen. In diesem Projekt werden zum einen noch einmal die Fragen der Motivation innerhalb einer Organisation, die Wissensmanagement einführt und zwischen verschiedenen Organisationen überprüft: Warum übernehmen beispielsweise andere Organisationen vorbildliche Lösungen – oder auch nicht? Warum unterstützt ein Rechtsamtsmitarbeiter der Kommune x den Mitarbeiter der Kommune y, obwohl er nur Arbeit dadurch hat und diese

Arbeit nicht einmal der eigenen Organisation nützt? Sein Vorgesetzter wird im Zweifelsfall nur die Arbeit für die eigene Kommune, nicht aber die Hilfestellung für andere Kommunen beobachten und bewerten. Zum anderen werden in dem Projekt Fragen des internationalen Vergleichs und Benchmarking zum Thema Wissensmanagement behandelt. Mehr Information zu diesen Projekten (immer aktualisiert) ist auf folgender Homepage abrufbar:

http://www.wissenmanagen.net.

Bei allen Projekten zum Wissensmanagement hat sich aber immer wieder ein Grundprinzip herausgestellt, das auch schon in diesem Buch betont wurde: Ohne Partizipation der Mitarbeiter lässt sich kein Wissensmanagement verwirklichen! Wissensmanagement lebt von der Beteiligung der Mitarbeiter und kann nicht von oben verordnet werden.

Literatur

Beyer, Marc (2004): WikoR: Wissensmanagement für kommunale Rechtsämter. UdZ - Unternehmen der Zukunft. FIR+IAW-Zeitschrift für Organisation und Arbeit in Produktion und Dienstleistung 3/2004: 12-14.

Bönnighausen, Maximiliane (2004): Unter welchen Voraussetzungen tragen Wissensmanagement und E-Learning zur Kompetenzentwicklung von Organisationsmitgliedern bei? Master-Arbeit, Ruhr-Universität Bochum, Fakultät für Sozialwissenschaft.

Büssing, Andre/Herbig, Britta/Latzel,Annika (2004): Explikation impliziten Wissens, Zeitschrift für Psychologie 115: 87-106.

Creß, Ulrike (2004): Von der Schwierigkeit, Wissen zu teilen – eine psychologische Sichtweise. Wissensmanagement 3/2004: 10-13.

Creß, Ulrike/Barquero, Beatriz/Buder, Jürgen/Schwan, Stephan/Hesse, Friedrich Wilhelm (2003): Der Wissensaustausch via Datenbanken – ein neues Paradigma des Public-good-Dilemmas? Zeitschrift für Psychologie, 114: 75-85.

Dehnbostel, Peter/Elsholz, Uwe/Meister, Jörg/Meyer-Menk, Julia (Hrsg.) (2002): Vernetzte Komptenzentwicklung Alternative Positionen zur Weiterbildung. Berlin: edition sigma.

Edeling, Thoams/Jann, Werner/Wagner, Dieter (Hrsg.) (2004): Wissensmanagement in Politik und Verwaltung. Wiesbaden: VS-Verlag.

Elsholz, Uwe/Dehnbostel, Peter (Hrsg.) (2004): Kompetenzentwicklungsnetzwerke. Berlin: edition sigma.

Evans, Michaela/Hilbert, Josef (2002): Zukunftsbranche Lebensqualität. spw 24 (125): 13-16.

Howaldt, Jürgen/Klatt, Rüdiger/Kopp, Ralf (2004): Neuorientierung des Wissensmanagements. Wiesbaden: DUV.

Kuhlemann, Heino (2000): Von der digitalen Archivierung zum elektronischen Wissensassistenten: Inhaltserschließung und Wissensunterstützung, 8.12.2000, Ulmer Archivtage (http://www.pergis.de/GMDS/AG-Archiv/Folien/KuhlemannAbstract.pdf)

Perrevort, Francois (2003): Modellierung eines integrierten Informations- und Kommunikationssystems im Krankenhaus. Arbeitsbericht Nr. 4 des LS für Allgemeine BWL und Management im Gesundheitswesen. Universität zu Köln.

Scholz, Christian/Stein, Volker/Bechtel, Roman (2004): Human Capital Management. München: Luchterhand.

Sydow, Jörg/Duschek, Stephan/Möllering, Guido/Rometsch, Markus (2003): Kompetenzentwicklung in Netzwerken Eine typologische Studie. Wiesbaden: Westdeutscher Verlag.

Wilkesmann, Uwe (2005): Die Organisation von Wissensarbeit. Berliner Journal für Soziologie 15.

Wilkesmann, Uwe/Romme A. Georges L. (2003): Organisationales Lernen, zirkuläres Organisieren und die Veränderung der interorganisatorischen Herrschaftsverhältnisse. Arbeit - Zeitschrift für Arbeitsforschung, Arbeitsgestaltung und Arbeitspolitik, 12: 228-24.

Ausgewählte Veröffentlichungen im Rainer Hampp Verlag

Günther Schanz: **Das individualisierte Unternehmen. Neurobiologische und motivationstheoretische Grundlagen – konzeptionelle Merkmale – Gestaltungs- und Handlungsfelder**

ISBN 3-87988-839-6, Rainer Hampp Verlag, München und Mering 2004, 212 S., € 24.80

Individualisierung ist ein Programm, das der prinzipiellen Einmaligkeit der Mitarbeiter – ihrer Individualität – systematisch Rechnung zu tragen sucht. Seinen institutionellen Niederschlag findet es im individualisierten Unternehmen.

Die Problematik wird in vier Teilen entwickelt: Zunächst werden neurobiologische und motivationale Grundlagen von Individualität dargestellt. Von dem sich solchermaßen abzeichnenden Menschenbild erfolgt ein Brückenschlag zu den institutionellen Folgen. Es schließen sich, dargelegt anhand verschiedener Gestaltungs- und Handlungsfelder, differenzierte Überlegungen zur Individualisierung im Sinn einer personalwirtschaftlichen Leitlinie an. Die Ausführungen enden mit Hinweisen auf das prozessuale Vorgehen.

Matthias Müller: **Lerneffizienz mit E-Learning**

Personalwirtschaftliche Schriften, hrsg. von D. von Eckardstein und O. Neuberger, Band 21
ISBN 3-87988-843-4, München und Mering 2004, 315 S., € 27.80

Ökonomische, technologische und gesellschaftliche Entwicklungen führen dazu, dass Wissen und damit Lernen substantiell an Bedeutung gewinnt. Die neuen Informations- und Kommunikationstechnologien ermöglichen neue Lernmethoden, wie bspw. E-Learning. Mit E-Learning soll einerseits die erhöhte Nachfrage nach Wissen befriedigt werden, andererseits soll E-Learning die Lerneffizienz steigern.

Die Steigerung der Lerneffizienz wird zwar oft als Hauptargument für den Einsatz elektronischer Lernformen ins Feld geführt, der empirische Nachweis ist allerdings schwierig und deshalb selten erbracht worden. Der Autor setzt sich in diesem Buch zum Ziel, zu evaluieren, ob überhaupt und wenn ja unter welchen Voraussetzungen E-Learning zu einer Lerneffizienzsteigerung führen kann.

Matthias Müller entwickelt auf der Basis verschiedener psychologischer Lerntheorien ein Framework zur systematischen, gesamtheitlichen und differenzierten Erfassung der Lerneffizienz mit E-Learning. Darauf aufbauend werden für die einzelnen Effizienzdimensionen Lerneffizienzkriterien und dazugehörige Effizienzindikatoren herausgearbeitet. Die theoretischen Erkenntnisse über die Wirkungsverläufe zwischen den Effizienzindikatoren erlauben die Formulierung von Hypothesen, die der Autor als Lenkungsmodell darstellt. Anhand von acht qualitativen Interviews, die einer systematischen Inhaltsanalyse unterzogen werden, werden die Hypothesen verifiziert. Es stellt sich, dass die theoretisch formulierten Hypothesen der empirischen Analyse größtenteils nicht standzuhalten vermögen. Abschließend beschreibt der Autor konkrete Handlungsempfehlungen für die Ausgestaltung von E-Learning-Settings in der unternehmerischen Praxis.

Dieses Buch richtet sich somit einerseits an das Lehrpersonal, das sich mit dem Einsatz von elektronischen Lernformen beschäftigt. Andererseits entnehmen Aus- und Weiterbildungsverantwortliche aus der betrieblichen Praxis wichtige Hinweise für den Einsatz von E-Learning in ihren Unternehmen.

Lisa Deutschmann: **Wissensmanagement in der Weiterbildung.**
Das Potenzial von neuen Lernumgebungen
ISBN 3-87988-775-6, Rainer Hampp Verlag, München und Mering 2003, 200 S., € 24.80

Um Wissensmanagement im Unternehmen erfolgreich umsetzen zu können, werden neben der Bereitstellung einer adäquaten Infrastruktur sowie einer unterstützenden Unternehmenskultur zugleich von den MitarbeiterInnen gewisse Qualifikationen gefordert: Neben Kenntnissen im Umgang mit den neuen Informations- und Kommunikationstechnologien entscheiden auch soziale Kompetenzen sowie der selbstgesteuerte und anwendungsorientierte Umgang mit Information und Wissen über den Erfolg von Wissensmanagement.

Das vorliegende Buch widmet sich der Frage, inwieweit die Weiterbildung einen Beitrag zur Umsetzung von Wissensmanagement im Unternehmen leisten kann. Die Fragestellung basiert auf der Annahme, dass die Bildungsarbeit durch den Einsatz von neuen Lernumgebungen und der damit verbundenen Vermittlung von Schlüsselqualifikationen über entscheidende Voraussetzungen zur Umsetzung von Wissensmanagement im Unternehmen verfügt. Ausgehend von der Ermittlung der Voraussetzungen, die zur Umsetzung von Wissensmanagement auf individueller, organisationaler und infrastruktureller Ebene erforderlich sind, sowie der Darstellung von neuen Ansätzen in der Bildungsarbeit werden mögliche Synergien zwischen Wissensmanagement und Weiterbildung aufgezeigt. Die Ergebnisse dieser theoretischen Auseinandersetzung dienen als Grundlage für die Evaluierung eines innovativen Weiterbildungsansatzes zur Qualifizierung von MitarbeiterInnen aus der Automobilbranche, welcher im Rahmen eines europäischen Forschungsprojekts entwickelt wurde.

Wolfgang H. Güttel: **Die Identifikation strategischer immaterieller**
Vermögenswerte im Post-Merger-Integrationsprozess. Ressourcen- und
Wissensmanagement bei Mergers-and-Acquisitions
Personalwirtschaftliche Schriften, hrsg. von D. von Eckardstein und O. Neuberger, Band 20
ISBN 3-87988-760-8, München und Mering 2003, 261 S., € 24.80

Eine Akquisition ist unter den Prämissen des Resource-based View eine der wenigen Möglichkeiten, strategische immaterielle Vermögenswerte (z.B. Kernkompetenzen, Kompetenzen oder strategisch relevantes Wissen) zu erwerben. Nach dem Vollzug der Akquisition ist für die zielgerichtete Gestaltung der Integration des akquirierten Unternehmens eine Identifikation der strategischen immateriellen Vermögenswerte notwendig, da der Akquisiteur kaum (Meta-)Wissen über die Ausprägung und das Wirkungsgefüge von Kernkompetenzen oder über die strategisch relevanten organisationalen bzw. individuellen Wissensbestände im Bereich der Human Resources besitzt. Das Ziel dieser Arbeit ist folglich die konzeptionelle Entwicklung von inhaltlichen, methodischen und prozessualen Entscheidungsalternativen für die Gestaltung des Identifikationsprozesses von strategischen immateriellen Vermögenswerten in der Post-Merger-Phase. Dazu erfolgt eine Systematisierung der strategischen immateriellen Vermögenswerte, um das Spektrum möglicher Identifikationsinhalte aufzuzeigen. Des Weiteren wird die Anwendbarkeit alternativer Identifikationsmethoden im Post-Merger-Integrationsprozess diskutiert, und es werden Gestaltungsalternativen für die Architektur des Identifikationsprozesses in der Post-Merger-Phase vorgestellt.